"十四五"职业教育国家规划教材

职业教育"十三五"
数字媒体应用人才培养规划教材

边做边学 CorelDRAW X6 图形设计案例教程

第2版 | **微课版**

周建国 / 主编

张旭 / 副主编

U0233739

人民邮电出版社

北京

图书在版编目（CIP）数据

边做边学：CorelDRAW X6图形设计案例教程 ：微课版 / 周建国主编. -- 2版. -- 北京 ：人民邮电出版社，2019.11

职业教育"十三五"数字媒体应用人才培养规划教材

ISBN 978-7-115-52567-3

Ⅰ．①边… Ⅱ．①周… Ⅲ．①图形软件－职业教育－教材 Ⅳ．①TP391.413

中国版本图书馆CIP数据核字(2019)第242245号

内 容 提 要

本书全面系统地介绍 CorelDRAW X6 的基本操作方法和图形图像处理技术，并对其在平面设计领域的应用进行了深入的介绍，包括初识 CorelDRAW X6、实物绘制、插画设计、图书装帧设计、杂志设计、宣传单设计、海报设计、广告设计、包装设计、综合设计实训等内容。

本书以课堂实训案例为主线，通过案例的操作，学生可以快速熟悉艺术设计理念和软件功能。书中有关软件相关功能的解析，有助于学生深入了解软件功能；课堂实战演练和课后综合演练，可以拓展学生的实际应用能力。在本书的最后一章，精心安排了专业设计公司的多个综合设计实训，力求通过这些案例，帮助学生提高艺术设计创新能力。本书配套云盘中包含书中所有案例的素材及效果文件，以便于教师授课，学生练习。

本书可作为职业院校数字艺术类专业"平面设计"课程的教材，也可供相关人员学习参考。

◆ 主　　编　周建国

　　副主编　张　旭

　　责任编辑　马小霞

　　责任印制　王　郁　马振武

◆ 人民邮电出版社出版发行　　北京市丰台区成寿寺路 11 号

　　邮编　100164　　电子邮件　315@ptpress.com.cn

　　网址　http://www.ptpress.com.cn

　　固安县铭成印刷有限公司印刷

◆ 开本：787×1092　1/16

　　印张：15.5　　　　　　　　　　2019 年 11 月第 2 版

　　字数：392 千字　　　　　　　　2025 年 1 月河北第 12 次印刷

定价：49.80 元

读者服务热线：**(010)81055256**　印装质量热线：**(010)81055316**
反盗版热线：**(010)81055315**
广告经营许可证：京东市监广登字20170147号

第2版前言　　Preface

CorelDRAW 是由 Corel 公司开发的矢量图形处理和编辑软件，它功能强大、易学易用，深受平面设计人员和图形图像处理爱好者的喜爱，已经成为这一领域最流行的软件之一。本书根据教育部最新教学大纲要求编写，邀请行业专家、企业专家和一线课程负责人，从人才培养目标、专业方案等方面做好顶层设计，明确专业课程标准，强化专业技能培养，安排教材内容；根据岗位技能要求，引入企业真实案例，力求达到"十三五"职业教育国家规划教材的要求，提高职业院校专业技能课的教学质量。

本书全面贯彻党的二十大精神，以社会主义核心价值观为引领，传承中华优秀传统文化，坚定文化自信，使内容更好地体现时代性、把握规律性、富于创造性。

根据现代职业院校的教学方向和教学特色，我们对本书的编写体系做了精心的设计。全书根据 CorelDRAW 在设计领域的应用方向来布置分章，每章按照"课堂实训案例—软件相关功能—课堂实战演练—课后综合演练"这一思路进行编排，力求通过课堂实训案例，使学生快速熟悉艺术设计理念和软件功能；通过软件相关功能解析，使学生深入学习软件功能和制作特色；通过课堂实战演练和课后综合演练，提高学生的实际应用能力。

在内容编写方面，我们力求细致全面、重点突出；在文字叙述方面，我们注意言简意赅、通俗易懂；在案例选取方面，我们强调案例的针对性和实用性。

本书配套云盘中包含书中所有案例的素材及效果文件。另外，为方便教师教学，本书还配备了微课视频、PPT 课件、教学教案、大纲文件等丰富的教学资源，任课教师可登录人民邮电出版社教学服务与资源网（www.ryjiaoyu.com）免费下载使用。本书的参考课时为 50 课时，各章的参考学时参见下面的课时分配表。

第2版前言　　　　　　Preface

各　　章	课 程 内 容	讲 授 课 时
第 1 章	初识 CorelDRAW X6	2
第 2 章	实物绘制	4
第 3 章	插画设计	6
第 4 章	图书装帧设计	6
第 5 章	杂志设计	6
第 6 章	宣传单设计	4
第 7 章	海报设计	4
第 8 章	广告设计	4
第 9 章	包装设计	6
第 10 章	综合设计实训	8
课 时 总 计		50

　　由于编者水平有限，书中难免存在疏漏和不妥之处，敬请广大读者批评指正。

编　者
2023 年 5 月

目　录　　　　　　　　Contents

目 录

Contents

目 录

Contents

01

第1章
初识 CorelDRAW X6

CorelDRAW 是目前最流行的矢量图形设计软件之一，是由全球知名的专业化图形设计与桌面出版软件开发商——加拿大的科亿尔（Corel）公司于 1989 年推出的。本章通过对案例的讲解，使读者对 CorelDRAW X6 有初步的认识和了解，并掌握该软件的基础知识和基本操作方法，为以后的学习打下一个坚实的基础。

课堂学习目标

- ✔ 掌握工作界面的基本操作
- ✔ 掌握设置文件的基本方法
- ✔ 掌握图像的基本操作方法

1.1　界面操作

1.1.1　【操作目的】

通过打开文件命令，熟悉菜单栏的操作；通过选取图像、移动图像和缩放图像，掌握工具箱中工具的使用方法。

1.1.2　【操作步骤】

（1）打开 CorelDRAW X6 软件，选择"文件 > 打开"命令，弹出"打开绘图"对话框。选择云盘中的"Ch01 > 01"文件，如图 1-1 所示。单击"打开"按钮，打开文件，如图 1-2 所示，显示 CorelDRAW X6 的软件界面。

图1-1　　　　　　　　　　　　　　　　　　图1-2

（2）选择窗口左侧工具箱中的"选择"工具，单击选取页面中的降落伞图像，如图 1-3 所示。拖曳图像到页面的左上角，移动降落伞图像，如图 1-4 所示。

（3）将鼠标指针放置在降落伞图像对角线的控制手柄上，拖曳对角线上的控制手柄，缩小降落伞图像，如图 1-5 所示。

图1-3　　　　　　　　　　图1-4　　　　　　　　　　图1-5

（4）选择"文件 > 另存为"命令，弹出"另存为"对话框，设置保存文件的名称、路径和类型，单击"保存"按钮保存文件。

1.1.3 【相关工具】

1. 菜单栏

CorelDRAW X6 中文版的菜单栏包含文件、编辑、视图、布局、排列、效果、位图、文本、表格、工具、窗口、帮助等几个大类，如图 1-6 所示。单击每一类的按钮都将弹出其下拉菜单，如单击"编辑"按钮，系统将弹出图 1-7 所示的下拉菜单。

图 1-7

文件(F) 编辑(E) 视图(V) 布局(L) 排列(A) 效果(C) 位图(B) 文本(X) 表格(T) 工具(O) 窗口(W) 帮助(H)

图 1-6

最左边为图标，它和工具栏中具有相同功能的图标一致，以便于用户记忆和使用。

最右边显示的组合键则为操作快捷键，便于用户提高工作效率。

某些命令后带有 ▶ 标志，表明该命令还有下一级菜单，将光标停放其上即可弹出下拉菜单。

某些命令后带有...标志，单击该命令可弹出对话框，允许用户进一步对其进行设置。

此外，"编辑"下拉菜单中的有些命令呈灰色状，表明该命令当前还不可使用，需要进行一些相关的操作后方可使用。

2. 工具栏

工具栏通常是在菜单栏的下方，但实际上，它摆放的位置可由用户决定。不只是工具栏如此，在 CorelDRAW X6 中文版中，在前端出现控制柄的各栏，均可按照用户自己的操作习惯进行拖曳摆放。

CorelDRAW X6 中文版的"标准"工具栏如图 1-8 所示。

图 1-8

这里存放了几种常用的命令按钮，如"新建""打开""保存""打印""剪切""复制""粘贴""撤销""重做""搜索内容""导入""导出""应用程序启动器""欢迎屏幕""缩放级别""贴齐""选项"等。它们可以使用户便捷地完成这些基本的操作动作。

　　此外，CorelDRAW X6 中文版还提供了一些其他工具栏，用户可以在"选项"对话框中选择它们。选择"工具 > 选项"命令，弹出图 1-9 所示的对话框，选取所要显示的工具栏，单击"确定"按钮即可显示。图 1-10 所示为选择"文本"后显示的工具栏。

图 1-9

图 1-10

　　在菜单栏空白处单击鼠标右键，在弹出的快捷菜单中选择"变换"命令，可显示"变换"工具栏，如图 1-11 所示。选择"窗口 > 工具栏 > 变换"命令，也可显示"变换"工具栏。

图 1-11

3．工具箱

　　CorelDRAW X6 中文版的工具箱中放置着在绘制图形时常用的工具，这些工具是每一个软件使用者必须掌握的。CorelDRAW X6 中文版的工具箱如图 1-12 所示。

　　在工具箱中，依次分类排放着"选择"工具、"形状"工具、"裁剪"工具、"缩放"工具、"手绘"工具、"智能填充"工具、"矩形"工具、"椭圆形"工具、"多边形"工具、"基本形状"工具、"文本"工具、"表格"工具、"平行度量"工具、"直线连接器"工具、"调和"工具、"颜色滴管"工具、"轮廓笔"工具、"填充"工具、"交互式填充"工具等几大类工具。

　　其中，有些工具按钮带有小三角标志◢，表明其还有展开的工具栏，将光标停放其上即可展开。例如，将光标停放在"填充"工具◇上，将展开工具栏 ■ ■ ✕ ✕ ✕ ✕ 。此外，也可将其拖曳出来，变成固定工具栏，如图 1-13 所示。

图 1-12

图 1-13

4．泊坞窗

CorelDRAW X6 中文版的泊坞窗是一个十分有特色的窗口。当打开这一窗口时，它会停靠在绘图窗口的边缘，因此被称为"泊坞窗"。例如，选择"窗口 > 泊坞窗 > 对象属性"命令，将弹出图 1-14 所示的"对象属性"泊坞窗。还可将泊坞窗拖曳出来，放在任意的位置，如图 1-15 所示。

图 1-14   图 1-15

其实，除了名称有些特别之外，泊坞窗更大的特色是其提供给用户的便捷的操作方式。通常情况下，每个应用软件都会给用户提供许多用于设置参数、调节功能的对话框。用户在使用时，必须先打开它们，然后进行设置，再关闭它们。而一旦需要重新设置，则又要重复上述动作，十分不便。CorelDRAW X6 中文版的泊坞窗彻底解决了这一问题，它通过这些交互式对话框，使用户无须重复打开、关闭对话框就可查看所做的改动，极大地方便了用户的操作。

CorelDRAW X6 泊坞窗的列表位于"窗口 > 泊坞窗"子菜单中，用户可以选择"泊坞窗"下的各个命令，来打开相应的泊坞窗。当几个泊坞窗都打开时，除了活动的泊坞窗之外，其余的泊坞窗将沿着泊坞窗的边缘以标签形式显示，如图 1-16 所示。

图 1-16

1.2　文件设置

1.2.1　【操作目的】

通过打开文件，熟练掌握"打开"命令；通过复制图像到新建的文件中，熟练掌握"新建"命令；通过关闭新建的文件，熟练掌握"保存"和"关闭"命令。

1.2.2　【操作步骤】

（1）打开 CorelDRAW X6 软件，选择"文件 > 打开"命令，弹出"打开绘图"对话框，如图 1-17 所示。选择云盘中的"Ch01 > 02"文件，单击"打开"按钮，打开文件，如图 1-18 所示。

图 1-17　　　　　　　　　　　　　　　　图 1-18

（2）按 Ctrl+A 组合键全选图形，如图 1-19 所示。按 Ctrl+C 组合键复制图形。选择"文件 > 新建"命令，新建一个页面，如图 1-20 所示。

图 1-19　　　　　　　　　　　　　　　　图 1-20

（3）按 Ctrl+V 组合键粘贴图形到新建的页面中，并拖曳到适当的位置，如图 1-21 所示。单击绘图窗口右上角的按钮 X，弹出提示对话框，如图 1-22 所示，单击"是"按钮，弹出"保存绘图"对话框，选项的设置如图 1-23 所示，单击"保存"按钮保存文件。

图 1-21

图 1-22

图 1-23

（4）再次单击绘图窗口右上角的按钮 ，关闭打开的"02"文件。单击标题栏右侧的"关闭"
按钮 ，可关闭软件。

1.2.3 【相关工具】

1. 新建和打开文件

新建和打开一个文件是使用 CorelDRAW X6 进行设计的第一步。下面介绍新建和打开文件的各
种方法。

（1）使用 CorelDRAW X6 启动时的欢迎窗口新建和打开文件。启动时的欢迎窗口如图 1-24 所
示。单击"新建空白文档"图标，可以建立一个新的文档；单击"打开最近用过的文档"下方的图标，
可以打开前几次编辑过的图形文件；单击"打开其他文档"按钮，弹出图 1-25 所示的"打开绘图"
对话框，可以从中选择要打开的图形文件。

（2）使用菜单命令或快捷键新建和打开文件。选择"文件 > 新建"命令或按 Ctrl+N 组合键，
可以新建文件。选择"文件 > 打开"命令或按 Ctrl+O 组合键，可以打开文件。

（3）使用标准工具栏新建和打开文件。单击 CorelDRAW X6 标准工具栏中的"新建"按钮 或
"打开"按钮 ，也可以新建或打开文件。

图1-24   图1-25

2. 保存和关闭文件

当我们完成某一作品时，就要对其进行保存并关闭文件。下面介绍保存和关闭文件的各种方法。

（1）使用菜单命令或快捷键保存文件。选择"文件 > 保存"命令，或按 Ctrl+S 组合键可以保存文件。选择"文件 > 另存为"命令，或按 Ctrl+Shift+S 组合键可以更名并保存文件。

如果是第一次保存文件，将弹出图 1-26 所示的"保存绘图"对话框。在对话框中，可以设置"文件名""保存类型""版本"等保存选项。

（2）使用标准工具栏保存文件。单击 CorelDRAW X6 标准工具栏中的"保存"按钮 🖫，也可以保存文件。

（3）使用菜单命令或快捷按钮关闭文件。选择"文件 > 关闭"命令或单击绘图窗口右上方的"关闭"按钮 ⊠，可以关闭文件。

此时，如果文件没有保存，将弹出图 1-27 所示的提示框，询问用户是否保存文件。如果单击"是"按钮，则保存文件；单击"否"按钮，则不保存文件；单击"取消"按钮，则取消关闭文件的操作。

图1-26   图1-27

3. 导出文件

使用"导出"命令，可将 CorelDRAW X6 中的文件以各种不同的文件格式导出，供其他应用软件使用。

（1）使用菜单命令或快捷键导出文件。选择"文件 > 导出"命令或按 Ctrl+E 组合键，弹出"导出"对话框，如图 1-28 所示，在对话框中可以设置"文件名""保存类型"等选项。

图 1-28

（2）使用标准工具栏导出文件。单击 CorelDRAW X6 标准工具栏中的"导出"按钮，也可以将文件导出。

02

第 2 章
实物绘制

绘制效果逼真并经过艺术化处理的实物可以应用于图书设计、杂志设计、海报设计、宣传单设计、广告设计、包装设计、网页设计等多个设计领域。本章以多个实物对象为例，讲解实物绘制的方法和技巧。

课堂学习目标

- ✔ 掌握实物绘制的思路和过程
- ✔ 掌握实物绘制的方法和技巧

2.1　绘制卡通闹钟

2.1.1　【案例分析】

卡通闹钟具有小巧纤瘦的钟身，其操作方便简捷，能为人们的日常生活带来便利，已成为人们生活中的必需品。本案例是为某钟表厂商设计制作卡通闹钟模型，要求简洁大方，能体现出时尚的外观和便捷的性能。

2.1.2　【设计理念】

在设计制作过程中，使用简洁的背景衬托出前面的闹钟产品，给人以美观精致的感觉。卡通闹钟图形在展示出产品的同时，给人简洁大方、时尚便捷的印象。整体设计醒目直观，让人印象深刻。（最终效果参看云盘中的"Ch02 > 效果 > 绘制卡通闹钟.cdr"，如图 2-1 所示。）

图 2-1

2.1.3　【操作步骤】

1. 绘制背景

（1）按 Ctrl+N 组合键，新建一个 A4 页面。在属性栏中单击"横向"按钮，令页面显示为横向页面。选择"矩形"工具，绘制一个矩形，在属性栏中的设置如图 2-2 所示。按 Enter 键，效果如图 2-3 所示。

扫码观看
本案例视频（1）

图 2-2

图 2-3

（2）在"CMYK 调色板"中的"白"色块上单击鼠标左键，填充图形，在"60%黑"色块上单击鼠标右键，填充图形的轮廓线，效果如图 2-4 所示。在属性栏中的"旋转角度"框中设置数值为 31，其他选项的设置如图 2-5 所示。按 Enter 键，效果如图 2-6 所示。

图 2-4

图 2-5

图 2-6

（3）选择"矩形"工具，绘制一个矩形。在属性栏中进行设置，如图 2-7 所示。按 Enter 键，效果如图 2-8 所示。

　　（4）在"CMYK 调色板"中的"浅粉红"色块上单击鼠标左键，填充图形，在"60％黑"色块上单击鼠标右键，填充图形的轮廓线，效果如图 2-9 所示。

图 2-7　　　　　　　　　图 2-8　　　　　　　　　图 2-9

　　（5）选择"矩形"工具 ▭，绘制一个矩形。在属性栏中进行设置，如图 2-10 所示，按 Enter 键确定。设置图形颜色的 CMYK 值为 0、0、0、10，填充图形，并去除图形的轮廓线，效果如图 2-11 所示。

　　（6）选择"3 点椭圆形"工具 ⬮，绘制一个椭圆形。设置图形颜色的 CMYK 值为 0、40、0、0，填充图形，并去除图形的轮廓线，效果如图 2-12 所示。

图 2-10　　　　　　　　　图 2-11　　　　　　　　　图 2-12

2．绘制闹钟

扫码观看
本案例视频（2）

　　（1）选择"椭圆形"工具 ◯，按住 Ctrl 键绘制一个圆形。设置图形颜色的 CMYK 值为 0、0、0、60，填充图形并去除图形的轮廓线，效果如图 2-13 所示。

　　（2）选择"选择"工具 ▷，按数字键盘上的+键复制图形。按住 Shift 键的同时，向内拖曳图形右上角的控制手柄到适当的位置，等比例缩小图形。设置图形颜色的 CMYK 值为 0、0、0、10，填充图形，效果如图 2-14 所示。

　　（3）按数字键盘上的+键，复制图形。按住 Shift 键的同时，向内拖曳图形右上角的控制手柄到适当的位置，等比例缩小图形。设置图形颜色的 CMYK 值为 84、57、0、0，填充图形，效果如图 2-15 所示。

图 2-13　　　　　　　　　图 2-14　　　　　　　　　图 2-15

（4）选择"椭圆形"工具 ⊙，按住 Ctrl 键绘制一个圆形。设置图形颜色的 CMYK 值为 0、60、100、0，填充图形，效果如图 2-16 所示。在属性栏中的"轮廓宽度" △ .2 pt 框中设置数值为 16，在"CMYK 调色板"中的"60%黑"色块上单击鼠标右键，填充图形的轮廓线，效果如图 2-17 所示。

图 2-16   图 2-17

（5）按数字键盘上的+键，复制图形。选择"选择"工具 ▶，选取需要的图形，按住 Ctrl 键的同时，水平向右拖曳到适当的位置，效果如图 2-18 所示。选择"选择"工具 ▶，按住 Shift 键的同时，将需要的图形同时选取。多次按 Ctrl+PageDown 组合键，将图形向后移动到适当的位置，效果如图 2-19 所示。

图 2-18   图 2-19

（6）选择"矩形"工具 □，绘制一个矩形。设置图形颜色的 CMYK 值为 0、0、0、10，填充图形。在属性栏中进行设置，如图 2-20 所示。按 Enter 键，效果如图 2-21 所示。

图 2-20   图 2-21

（7）在"CMYK 调色板"中的"60%黑"色块上单击鼠标右键，填充图形的轮廓线，效果如图 2-22 所示。多次按 Ctrl+PageDown 组合键，将图形向后移动到适当的位置，效果如图 2-23 所示。

（8）选择"矩形"工具 □，绘制一个矩形。设置图形颜色的 CMYK 值为 58、0、100、0，填充图形。在属性栏中进行设置，如图 2-24 所示。按 Enter 键，效果如图 2-25 所示。在"CMYK 调色板"中的"60%黑"色块上单击鼠标右键，填充图形的轮廓线，效果如图 2-26 所示。多次按 Ctrl+PageDown 组合键，将图形向后移动到适当的位置，效果如图 2-27 所示。

图 2-22　　　　　　　　　　　　　　　　图 2-23

图 2-24　　　　　　　　　　　图 2-25　　　　　　　　　图 2-26

　　（9）按数字键盘上的+键，复制图形。选择"选择"工具 ，选取需要的图形，按住 Ctrl 键的同时，水平向右拖曳到适当的位置，效果如图 2-28 所示。在属性栏中的"旋转角度"框 中设置数值为 302，按 Enter 键，效果如图 2-29 所示。

图 2-27　　　　　　　　　　图 2-28　　　　　　　　　图 2-29

　　（10）选择"矩形"工具 ，绘制一个矩形。填充图形为白色，并去除图形的轮廓线，效果如图 2-30 所示。用相同的方法再绘制一个矩形，并填充相同的颜色，效果如图 2-31 所示。

图 2-30　　　　　　　　　　图 2-31

　　（11）选择"椭圆形"工具 ，按住 Ctrl 键的同时，绘制一个圆形。填充图形为白色，并去除图形的轮廓线，效果如图 2-32 所示。卡通闹钟绘制完成，效果如图 2-33 所示。

图 2-32   图 2-33

2.1.4 【相关工具】

1. 矩形工具

◎ 绘制矩形

单击工具箱中的"矩形"工具，在绘图页面中按住鼠标左键不放，拖曳鼠标到需要的位置，释放鼠标左键完成矩形绘制，如图 2-34 所示。矩形的属性栏如图 2-35 所示。

按 Esc 键，取消矩形的编辑状态，矩形效果如图 2-36 所示。选择"选择"工具，在矩形上单击可以选择绘制好的矩形。

图 2-34   图 2-35   图 2-36

按 F6 键快速选择"矩形"工具，在绘图页面中适当的位置绘制矩形。按住 Ctrl 键的同时进行鼠标操作，可以在绘图页面中绘制正方形。按住 Shift 键的同时进行鼠标操作，可以在绘图页面中以当前点为中心绘制矩形。按住 Shift+Ctrl 组合键的同时进行鼠标操作，可以在绘图页面中以当前点为中心绘制正方形。

  双击工具箱中的"矩形"工具，可以绘制出一个和绘图页面大小一样的矩形。

◎ 使用"矩形"工具绘制圆角矩形

在绘图页面中绘制一个矩形，如图 2-37 所示。在绘制矩形的属性栏中，如果将"圆角半径"后的小锁图标选定，则改变"圆角半径"时，4 个角的圆角半径数值将相同。在属性栏中的"圆角半径"选项中进行设置，如图 2-38 所示。按 Enter 键，圆角矩形效果如图 2-39 所示。

如果不选定小锁图标，则可以单独改变一个角的圆角半径数值。在绘制矩形的属性栏中，分别在属性栏中的"圆角半径"选项中进行设置，如图 2-40 所示。按 Enter 键，效果如图 2-41 所示。如果要将圆角矩形还原为直角矩形，可以将圆角半径设置为 0。

图 2-37　　　　　　　　　　图 2-38　　　　　　　　　　图 2-39

图 2-40　　　　　　　　　　图 2-41

◎ 使用"矩形"工具绘制扇形角图形

在绘图页面中绘制一个矩形，如图 2-42 所示。在绘制矩形的属性栏中，单击"扇形角"按钮，在"圆角半径"选项中设置值为 20，如图 2-43 所示。按 Enter 键，效果如图 2-44 所示。

图 2-42　　　　　　　　　　图 2-43　　　　　　　　　　图 2-44

扇形角图形"圆角半径"的设置与圆角矩形相同，不再赘述。

◎ 使用"矩形"工具绘制倒棱角图形

在绘图页面中绘制一个矩形，如图 2-45 所示。在绘制矩形的属性栏中，单击"倒棱角"按钮，在"圆角半径"选项中设置值为 20，如图 2-46 所示。按 Enter 键，效果如图 2-47 所示。

图 2-45　　　　　　　　　　图 2-46　　　　　　　　　　图 2-47

倒棱角图形"圆角半径"的设置与圆角矩形相同，不再赘述。

◎ 拖曳矩形的节点来绘制圆角矩形

绘制一个矩形。选择"形状"工具，单击矩形左上角的节点，如图 2-48 所示。按住鼠标左键拖曳节点，可以改变边角的圆角程度，如图 2-49 所示。释放鼠标左键，效果如图 2-50 所示。按 Esc 键取消矩形的编辑状态，圆角矩形的效果如图 2-51 所示。

| 图 2-48 | 图 2-49 | 图 2-50 | 图 2-51 |

◎ 绘制任意角度的矩形

选择"3 点矩形"工具 ，在绘图页面中按住鼠标左键不放，拖曳鼠标到需要的位置，可以绘制一条任意方向的线段作为矩形的一条边，如图 2-52 所示。

释放鼠标左键，再拖曳鼠标到需要的位置，即可确定矩形的另一条边，如图 2-53 所示。单击鼠标左键，任意角度的矩形绘制完成，效果如图 2-54 所示。

| 图 2-52 | 图 2-53 | 图 2-54 |

2．椭圆形工具

◎ 绘制椭圆形

选择工具箱中的"椭圆形"工具 ，在绘图页面中按住鼠标左键不放，拖曳鼠标到需要的位置，释放鼠标左键，椭圆形绘制完成，如图 2-55 所示。椭圆形的属性栏如图 2-56 所示。

| 图 2-55 | 图 2-56 |

按 F7 键快速选择"椭圆形"工具 ，在绘图页面中适当的位置绘制椭圆形。按住 Ctrl 键的同时操作鼠标，可以在绘图页面中绘制圆形。按住 Shift 键的同时操作鼠标，可以在绘图页面中以当前点为中心绘制椭圆形。按住 Shift+Ctrl 组合键的同时操作鼠标，可以在绘图页面中以当前点为中心绘制圆形。

◎ 使用"椭圆形"工具 绘制饼形和弧形

先绘制一个椭圆形，如图 2-57 所示。单击椭圆形属性栏中的"饼形"按钮 ，如图 2-58 所示，将椭圆形转换为饼形，效果如图 2-59 所示。

图 2-57　　　　　　　　　　　　图 2-58　　　　　　　　　　　　图 2-59

单击椭圆形属性栏中的"弧形"按钮，如图 2-60 所示，将椭圆形转换为弧形，效果如图 2-61 所示。

图 2-60　　　　　　　　　　　　　　图 2-61

在"起始和结束角度"框中设置饼形和弧形的起始角度和终止角度，按 Enter 键，可以任意设置饼形和弧形的起始和终止角度值，效果如图 2-62 所示。

图 2-62

当椭圆形处于选取状态时，在属性栏中单击"饼形"按钮或"弧形"按钮，可以使椭圆形转换为饼形或弧形。单击属性栏中的"更改方向"按钮，可以在顺时针和逆时针之间切换饼形或弧形的方向。

◎ 拖曳椭圆形的节点来绘制饼形和弧形

绘制一个椭圆形。选择"形状"工具，单击轮廓线上的节点，如图 2-63 所示。按住鼠标左键不放，向椭圆内拖曳节点，如图 2-64 所示。释放鼠标左键，效果如图 2-65 所示。按 Esc 键，取消椭圆形的编辑状态，椭圆形转换为饼形，效果如图 2-66 所示。向椭圆形外拖曳轮廓线上的节点时，可将椭圆形转换为弧形。

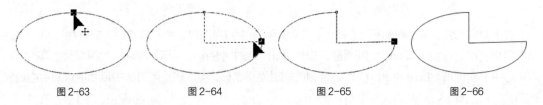

图 2-63　　　　　　图 2-64　　　　　　图 2-65　　　　　　图 2-66

◎ 绘制任意角度的椭圆形

选择"3 点椭圆形"工具，在绘图页面中按住鼠标左键不放，拖曳鼠标到需要的位置，可以绘制一条任意方向的线段作为椭圆形的一个轴，如图 2-67 所示。

释放鼠标左键，再拖曳鼠标到需要的位置，即可确定椭圆形的形状，如图 2-68 所示。单击鼠标左键，任意角度的椭圆形绘制完成，如图 2-69 所示。

| 图 2-67 | 图 2-68 | 图 2-69 |

3. 基本形状工具

◎ 绘制基本形状

选择"基本形状"工具，在属性栏中的"完美形状"按钮下选择需要的基本图形，如图 2-70 所示。在绘图页面中按住鼠标左键不放，从左上角向右下角拖曳鼠标到需要的位置，释放鼠标左键，基本图形绘制完成，效果如图 2-71 所示。

| 图 2-70 | 图 2-71 |

◎ 绘制其他形状

除了基本形状外，CorelDRAW X6 还提供了"箭头形状"工具、"流程图形状"工具、"标题形状"工具和"标注形状"工具，在其相应的属性栏中的"完美形状"按钮下可选择需要的图形，如图 2-72 所示，绘制的方法与绘制基本形状的方法相同。

| （a）箭头形状 | （b）流程图形状 | （c）标题形状 | （d）标注形状 |

图 2-72

◎ 调整形状

绘制一个形状，如图 2-73 所示。单击要调整的形状的红色菱形符号并按住鼠标左键不放，拖曳到适当的位置，如图 2-74 所示。得到需要的形状后，释放鼠标左键，效果如图 2-75 所示。

图 2-73　　　　　　　　　　图 2-74　　　　　　　　　　图 2-75

 在流程图形状中没有红色菱形符号，所以不能对它进行调整。

4. 标准填充

◎ 选取颜色

CorelDRAW X6 提供了多种调色板，选择"窗口 > 调色板"命令，弹出包含可供选择的多种调色板的子菜单，如图 2-76 所示。CorelDRAW X6 在默认状态下使用 CMYK 调色板。CorelDRAW X6 中的调色板一般在屏幕的右侧，使用"选择"工具 选取屏幕右侧的竖条调色板，如图 2-77 所示。按住鼠标左键，拖曳竖条调色板到屏幕的中间，调色板效果如图 2-78 所示。

图 2-76　　　　　　　　　　图 2-77　　　　　　　　　　图 2-78

还可以使用快捷菜单调整色盘的显示方式。在色盘上单击鼠标右键，在弹出的快捷菜单中选择"自定义"命令，如图 2-79 所示，弹出"选项"对话框，在"调色板"设置区中将最大行数设置为 3，如图 2-80 所示，单击"确定"按钮，调色板色盘将以新方式显示，效果如图 2-81 所示。

绘制一个要填充的图形对象，如图 2-82 所示。使用"选择"工具 选取图形对象，如图 2-83 所示。在调色板中需要的颜色上单击鼠标左键，如图 2-84 所示，图形对象的内部被选取的颜色填充，如图 2-85 所示。单击调色板中的"无填充"按钮 ，可取消对图形对象内部的颜色填充。

在调色板中需要的颜色上单击鼠标右键，如图 2-86 所示，图形对象的轮廓线被选取的颜色填充，如图 2-87 所示。用鼠标右键单击调色板中的"无填充"按钮 ，可取消对图形对象轮廓线的填充。

图 2-79 图 2-80 图 2-81

图 2-82 图 2-83 图 2-84 图 2-85

图 2-86 图 2-87

◎ 使用"均匀填充"对话框

选择"填充"工具 ◇ 展开式工具栏中的"均匀填充"工具 ■ ，弹出"均匀填充"对话框，可以在对话框中设置需要的颜色。

"均匀填充"对话框提供了 3 种设置颜色的方式，分别是模型、混和器和调色板。选择其中的任何一种方式都可以设置需要的颜色。

"模型"设置框如图 2-88 所示，其中提供了完整的色谱。通过操作颜色关联控件可以更改颜色，也可以通过在颜色模式下的各参数数值框中输入数值来设定需要的颜色。在设置框中还可以选择不同的颜色模式，"模型"设置框默认的是 CMYK 模式，如图 2-89 所示。

调配好需要的颜色后，单击"确定"按钮，可以将需要的颜色填充到图形对象中。

　　如果有经常需要使用的颜色，调配好需要的颜色后，单击对话框中的"加到调色板"按钮可以将颜色添加到调色板中。在下一次使用这种颜色时就不需要再调配了，直接在调色板中调用即可。

图 2-88　　　　　　　　　　　　　　　　图 2-89

◎ 使用"颜色"泊坞窗

"颜色"泊坞窗是为图形对象填充颜色的辅助工具，特别适合在实际工作中应用。

选择"填充"工具 ◇ 展开式工具栏下的"彩色"按钮 ，弹出"颜色"泊坞窗，如图 2-90 所示。

使用"贝塞尔"工具 绘制一个心形，如图 2-91 所示。在"颜色"泊坞窗中调配颜色，如图 2-92 所示。

图 2-90　　　　　　　　　　图 2-91　　　　　　　　　　图 2-92

调配好颜色后，单击"填充"按钮，如图 2-93 所示，填充颜色到心形的内部，效果如图 2-94 所示。调配好新的颜色后，单击"轮廓"按钮，如图 2-95 所示，填充颜色到心形的轮廓线，效果如图 2-96 所示。

图 2-93　　　　　　图 2-94　　　　　　图 2-95　　　　　　图 2-96

在"颜色"泊坞窗的右上方有 3 个按钮 ，分别为"显示颜色滑块""显示颜色查看器"和"显示调色板"。分别单击这 3 个按钮可以选择不同的调配颜色的方式，如图 2-97 所示。

图 2-97

◎ 使用"颜色样式"泊坞窗

使用"颜色样式"泊坞窗可以编辑图形对象的颜色，下面将介绍编辑对象颜色的具体方法和技巧。

打开一个绘制好的图形对象，如图 2-98 所示。选择"窗口 > 泊坞窗 > 颜色样式"命令，弹出"颜色样式"泊坞窗。在"颜色样式"泊坞窗中，单击"新建颜色样式"按钮![icon]，在弹出的下拉列表中，选择"从选定项新建"选项，如图 2-99 所示。弹出"创建颜色样式"对话框，显示出选定对象的颜色，如图 2-100 所示，设置好后，单击"确定"按钮。

图 2-98

图 2-99

图 2-100

选择图片，按住鼠标左键不放拖曳至"拖动至此处以添加颜色样式"中，展开图形对象的所有颜色样式，如图 2-101 所示。

在"颜色样式"泊坞窗中单击要编辑的颜色，如图 2-102 所示。在下方的"颜色编辑器"中调配好颜色，如图 2-103 所示。

图 2-101

图 2-102

图 2-103

在"颜色编辑器"中调配好颜色后，图形中的颜色被新调配的颜色替换，如图 2-104 所示，图形效果如图 2-105 所示。

图 2-104　　　　　　　　　　　　图 2-105

在"颜色样式"泊坞窗中，单击选取要删除的颜色，再单击右下角的"删除"按钮 🗑，可以删除图形对象中的颜色样式。

> 经过特殊效果（如渐变、立体化、透明和滤镜等效果）处理后，图形对象产生的颜色不能被纳入颜色样式中。位图对象也不能进行编辑颜色样式的操作。

5. 轮廓工具

◎ 使用轮廓工具

选择"轮廓笔"工具 🖋，弹出"轮廓展开工具栏"，拖曳展开工具栏上的两条灰色线，将"轮廓展开工具栏"拖曳到需要的位置，效果如图 2-106 所示。

图 2-106

"轮廓展开工具栏"中的 🖋 按钮为"轮廓笔"工具，可以编辑图形对象的轮廓线；🖌 按钮为"轮廓色"工具，可以编辑图形对象的轮廓线颜色；✕ ⌛ ━ ━ ━ ━ ━ ━ ━ ▬ ▬ 11 个按钮都是设置图形对象的轮廓宽度的，分别是无轮廓、细线轮廓、0.1mm、0.2mm、0.25mm、0.5mm、0.75mm、1mm、1.5mm、2mm、2.5mm；"彩色"工具 ▦ 可以对图形的轮廓线颜色进行编辑。

◎ 设置轮廓线的颜色

绘制一个图形对象，并使图形对象处于选取状态，单击"轮廓笔"按钮 🖋，弹出"轮廓笔"对话框，如图 2-107 所示。

在"轮廓笔"对话框中，"颜色"选项可以设置轮廓线的颜色，在 CorelDRAW X6 的默认状态下，轮廓线被设置为黑色。在颜色列表框 ▮▾ 右侧的按钮上单击，弹出"颜色"下拉列表，如图 2-108 所示。

在"颜色"下拉列表中可以选择需要的颜色，也可以单击"更多"按钮，弹出"选择颜色"对话框，如图 2-109 所示，在对话框中调配需要的颜色。

图 2-107　　　　　　　　图 2-108　　　　　　　　图 2-109

设置好需要的颜色后，单击"确定"按钮，可以改变轮廓线的颜色。改变轮廓线颜色的前后效果如图 2-110 所示。

图 2-110

扫码看
图 2-110 彩色效果

　当图形对象处于选取状态时，直接在调色板中需要的颜色上单击鼠标右键，可以快速填充轮廓线颜色。

◎ 设置轮廓线的粗细

在"轮廓笔"对话框中，"宽度"选项可以设置轮廓线的宽度值和宽度的度量单位。单击"宽度"三角按钮，弹出下拉列表，可以选择宽度数值，也可以在数值框中直接输入宽度数值，如图 2-111 所示。单击宽度值下拉列表右侧的度量单位下拉列表框，弹出下拉列表，可以选择宽度的度量单位，如图 2-112 所示。

图 2-111　　　　　　　　　　　图 2-112

设置好需要的宽度后，单击"确定"按钮，可以改变轮廓线的宽度。改变轮廓线宽度的前后效果如图 2-113 所示。

图 2-113

◎ 设置轮廓线的样式

在"轮廓笔"对话框中，"样式"选项可以设置轮廓线的样式，单击"样式"三角按钮■，弹出下拉列表，可以选择轮廓线的样式，如图 2-114 所示。

单击"编辑样式"按钮，弹出"编辑线条样式"对话框，如图 2-115 所示。对话框上方的是编辑条，右下方是编辑线条样式的预览框。

图 2-114

图 2-115

在编辑条上单击或拖曳可以编辑出新的线条样式。编辑条下面的两个锁形图标🔒🔒分别表示起点循环位置和终点循环位置。线条样式的第一个点必须是黑色，最后一个点必须是一个空格。样式右侧是滑动标记，表示线条样式编辑区域结束。编辑好线条样式后，右下方的预览框将生成线条应用样式，就是将编辑好的线条样式不断地重复。拖动滑动标记，效果如图 2-116 所示。

单击编辑条上的白色方块，白色方块变为黑色，效果如图 2-117 所示。在黑色方块上单击可以将其变为白色。

图 2-116

图 2-117

编辑好需要的线条样式后，单击"添加"按钮，可以将新编辑的线条样式添加到"样式"下拉列表中；单击"替换"按钮，新编辑的线条样式将替换在下拉列表中选取的线条样式。

在"样式"下拉列表中选择需要的线条样式，可以改变轮廓线的样式，效果如图 2-118 所示。

图 2-118

◎ 设置轮廓线角的样式

在"轮廓笔"对话框中，"角"设置区可以设置轮廓线角的样式，如图 2-119 所示。"角"设置区提供了 3 种拐角方式，分别是尖角、圆角和平角。

通常只有当轮廓线的宽度值较大时需要设置拐角样式，因为较细的轮廓线在设置拐角后效果不明显。3 种拐角的效果如图 2-120 所示。

图 2-119   图 2-120

◎ 编辑线条的端头样式

在"轮廓笔"对话框中，"线条端头"设置区可以设置线条端头的样式，如图 2-121 所示。3 种样式分别是削平两端点、两端点延伸成半圆形和削平两端点并延伸。

使用"贝塞尔"工具 绘制一条直线，使用"选择"工具 选取直线，在属性栏中的"宽度"设置栏 中将直线的宽度设置得宽一些，直线的效果如图 2-122 所示。分别选择 3 种端头样式，单击"确定"按钮，3 种端头样式效果如图 2-123 所示。

图 2-121   图 2-122   图 2-123

在"轮廓笔"对话框中，"箭头"设置区可以设置线条两端的箭头样式，如图 2-124 所示。"箭头"设置区中提供了两个样式框，左侧的样式框 用来设置箭头样式，单击样式框右侧的按钮，弹出"箭头样式"列表，如图 2-125 所示。右侧的样式框 用来设置箭尾样式，单击样式框右侧的按钮，弹出"箭尾样式"列表，如图 2-126 所示。

在"箭头样式"列表和"箭尾样式"列表中需要的箭头样式上单击鼠标左键，可以选择需要的样式。选择好箭头样式后，单击"选项"按钮，弹出图 2-127 所示的下拉菜单。

图 2-124　　　　　图 2-125　　　　　图 2-126

选择"无"选项，将不设置箭头的样式。选择"对换"选项，可将箭头和箭尾样式对换。

选择"新建"命令，弹出"箭头属性"对话框，如图 2-128 所示。编辑好箭头样式后单击"确定"按钮，就可以将一个新的箭头样式添加到"箭头样式"列表中。

选择"编辑"命令，弹出"箭头属性"对话框。在对话框中可以对原来选择的箭头样式进行编辑，编辑好后，单击"确定"按钮，新编辑的箭头样式会覆盖所选取的"箭头样式"列表中的箭头样式。

使用"贝塞尔"工具绘制一条曲线，使用"选择"工具选取曲线，在属性栏中的"宽度"设置栏中将曲线的宽度设置得宽一些，如图 2-129 所示。分别在"箭头样式"列表和"箭尾样式"列表中选择需要的样式，单击"确定"按钮，效果如图 2-130 所示。

图 2-127　　　　　图 2-128　　　　　　图 2-129　　　　　　图 2-130

在"轮廓笔"对话框中，"书法"设置区如图 2-131 所示。在"书法"设置区的"笔尖形状"预览框中拖曳鼠标指针，可以直接设置笔尖的展开和角度，通过在"展开"和"角度"选项中输入数值也可以设置笔尖的效果。

选择编辑好的线条效果，如图 2-132 所示。在"书法"设置区中设置笔尖的展开和角度，设置好后，单击"确定"按钮，线条的书法效果如图 2-133 所示。

图 2-131　　　　　　图 2-132　　　　　　图 2-133

在"轮廓笔"对话框中，选择"填充之后"复选框，会将图形对象的轮廓置于图形对象的填充之后。图形对象的填充会遮挡图形对象的轮廓，用户只能观察到轮廓的一段宽度的颜色。

选择"随对象缩放"复选框,在缩放图形对象时,图形对象的轮廓线会根据图形对象的大小而改变,使图形对象的整体效果保持不变。如果不选择"随对象缩放"复选框,在缩放图形对象时,图形对象的轮廓线不会根据图形对象的大小而改变,轮廓线和填充不能保持原图形对象的效果,图形对象的整体效果就会被破坏。

◎ 复制轮廓属性

当设置好一个图形对象的轮廓属性后,可以将它的轮廓属性复制给其他的图形对象。下面介绍具体的操作方法和技巧。

绘制两个图形对象,效果如图 2-134 所示。设置左侧图形对象的轮廓属性,效果如图 2-135 所示。

图 2-134   图 2-135

用鼠标右键将左侧的图形对象拖曳到右侧的图形对象上,当鼠标指针变为靶形图标后,释放鼠标右键,弹出如图 2-136 所示的快捷菜单,在快捷菜单中选择"复制轮廓"命令,左侧图形对象的轮廓属性就复制到了右侧的图形对象上,效果如图 2-137 所示。

图 2-136   图 2-137

2.1.5 【实战演练】绘制卡通手表

使用椭圆形工具和矩形工具绘制表盘和表带,使用矩形工具和"简化"命令制作表扣。(最终效果参看云盘中的"Ch02 > 效果 > 绘制卡通手表.cdr",如图 2-138 所示。)

扫码观看
本案例视频

图 2-138

2.2 绘制卡通火车

2.2.1 【案例分析】

装饰图是一种并不强调很高的艺术性，但非常讲究协调和美化效果的特殊艺术作品类型。本例是为某儿童读物绘制一幅卡通装饰图，要求设计简洁大方、精致形象。

2.2.2 【设计理念】

在设计制作过程中，使用常见的图形形状拼凑出一辆比较简单的卡通车形象，大胆采用亮丽的颜色，使图形极具特色，散发出童真、活泼的气息。整体造型设计形象生动，富有创意，符合儿童的抽象思维及审美特征，达到了装饰的效果。（最终效果参看云盘中的"Ch02 ＞ 效果 ＞ 绘制卡通火车.cdr"，如图 2-139 所示。）

扫码观看
本案例视频

图 2-139

2.2.3 【操作步骤】

（1）按 Ctrl+N 组合键，新建一个 A4 页面。在属性栏中单击"横向"按钮□，页面显示为横向页面。选择"贝塞尔"工具，在适当的位置绘制一个不规则图形，如图 2-140 所示。设置图形填充颜色的 CMYK 值为 0、100、20、0，填充图形，效果如图 2-141 所示。

图 2-140　　　　　　　　图 2-141

（2）选择"矩形"工具□，在适当的位置绘制一个矩形，填充与上方图形相同的颜色，效果如图 2-142 所示。选择"贝塞尔"工具，在适当的位置绘制一个不规则图形，如图 2-143 所示。设置图形填充颜色的 CMYK 值为 0、50、10、0，填充图形；并设置轮廓线颜色的 CMYK 值为 44、96、85、51，填充图形轮廓线，效果如图 2-144 所示。按 Shift+PageDown 组合键，后移图形，效果如图 2-145 所示。

图 2-142　　　　　图 2-143　　　　　图 2-144　　　　　图 2-145

（3）选择"贝塞尔"工具，在适当的位置绘制一个不规则图形，设置图形填充颜色的 CMYK 值为 0、50、10、0，填充图形；并设置轮廓线颜色的 CMYK 值为 44、96、85、51，填充图形轮廓线，效果如图 2-146 所示。用相同的方法绘制另一图形，并填充适当的颜色，效果如图 2-147 所示。

图 2-146　　　　　　　图 2-147

（4）选择"贝塞尔"工具，在适当的位置绘制多个图形，如图 2-148 所示。选择"选择"工具，将其同时选取，设置图形填充颜色的 CMYK 值为 0、100、20、20，填充图形，并去除图形的轮廓线，效果如图 2-149 所示。用相同的方法绘制另外两个图形，并填充适当的颜色，效果如图 2-150 所示。

图 2-148　　　　　　图 2-149　　　　　　图 2-150

（5）选择"矩形"工具，在属性栏中将"圆角半径"选项设为 2mm，在适当的位置绘制圆角矩形，填充图形为白色，效果如图 2-151 所示。选择"选择"工具，按数字键盘上的+键，复制图形，并将其拖曳到适当的位置，效果如图 2-152 所示。

图 2-151　　　　　　图 2-152

（6）选择"贝塞尔"工具，绘制两个不规则图形，设置图形填充颜色的 CMYK 值为 0、0、0、10，填充图形，并去除图形的轮廓线，效果如图 2-153 所示。

图 2-153

（7）选择"椭圆形"工具，在适当的位置绘制椭圆形，如图 2-154 所示。按 F11 键，弹出"渐变填充"对话框，选项的设置如图 2-155 所示，单击"确定"按钮，效果如图 2-156 所示。

图 2-154

图 2-155

图 2-156

（8）选择"选择"工具，选取椭圆形，按 Shift+PageDown 组合键，后移图形，效果如图 2-157 所示。选择"矩形"工具，在属性栏中将"圆角半径"选项均设为 5mm，在适当的位置绘制圆角矩形，如图 2-158 所示。设置图形填充颜色的 CMYK 值为 100、0、0、0，填充图形，效果如图 2-159 所示。

图 2-157　　　　　　　　　　　图 2-158　　　　　　　　　　　图 2-159

（9）选择"贝塞尔"工具，绘制一个不规则图形，设置图形填充颜色的 CMYK 值为 100、30、0、0，填充图形，并去除图形的轮廓线，效果如图 2-160 所示。

（10）选择"星形"工具，在属性栏中将"锐度" ▲ 53 选项设为 40，在适当的位置绘制星形，填充图形为白色，并去除图形的轮廓线，效果如图 2-161 所示。用相同的方法绘制出右侧的两组图形，并填充适当的颜色，效果如图 2-162 所示。

图 2-160　　　　　図 2-161　　　　　　　　　図 2-162

（11）选择"矩形"工具 □，在适当的位置绘制矩形，设置图形填充颜色的 CMYK 值为 44、96、85、51，填充图形，并去除图形的轮廓线，效果如图 2-163 所示。选择"选择"工具 ▷，选取图形，按 Shift+PageDown 组合键，后移图形，效果如图 2-164 所示。

图 2-163   图 2-164

（12）按数字键盘上的+键，复制图形，并将其拖曳到适当的位置，效果如图 2-165 所示。选择"椭圆形"工具 ○，在适当的位置绘制多个椭圆形，填充图形为白色，并去除图形的轮廓线，效果如图 2-166 所示。

图 2-165   图 2-166

（13）选择"椭圆形"工具 ○，按住 Ctrl 键的同时，在页面外绘制圆形，设置图形填充颜色的 CMYK 值为 0、20、100、0，填充图形，效果如图 2-167 所示。再绘制两个椭圆形，如图 2-168 所示。选择"选择"工具 ▷，将其同时选取，如图 2-169 所示，单击属性栏中的"移除前面对象"按钮 ▣，效果如图 2-170 所示。

图 2-167   图 2-168   图 2-169   图 2-170

（14）保持图形的选取状态，设置图形填充颜色的 CMYK 值为 0、40、100、0，填充图形，并去除图形的轮廓线，效果如图 2-171 所示。选择"椭圆形"工具 ○，按住 Ctrl 键的同时，在适当的位置绘制圆形，填充图形为白色，并去除图形的轮廓线，效果如图 2-172 所示。用相同的方法绘制多个圆形，并填充适当的颜色，效果如图 2-173 所示。

图 2-171   图 2-172   图 2-173

（15）选择"选择"工具 ⬚，将绘制的图形同时选取，拖曳到适当的位置，如图 2-174 所示。复制多个图形，并调整其位置和大小，效果如图 2-175 所示。卡通火车绘制完成。

图 2-174   图 2-175

2.2.4 【相关工具】

1. 螺纹工具

◎ 绘制对称式螺旋线

选择"多边形"工具 ⬡ 展开式工具栏中的"螺纹"工具 ◎，在绘图页面中按住鼠标左键不放，从左上角向右下角拖曳鼠标到需要的位置，释放鼠标左键，对称式螺旋线绘制完成，如图 2-176 所示。"图纸和螺旋工具"属性栏如图 2-177 所示。

图 2-176   图 2-177

如果从右下角向左上角拖曳鼠标到需要的位置，可以绘制出反向的对称式螺旋线。在"螺纹回圈"设置栏 ◎ 5 中可以重新设定螺旋线的圈数，绘制需要的螺旋线效果。

◎ 绘制对数式螺旋线

选择"螺纹"工具 ◎，在"图纸和螺旋工具"属性栏中单击"对数螺纹"按钮 ◎，在绘图页面中按住鼠标左键不放，从左上角向右下角拖曳鼠标到需要的位置，释放鼠标左键，对数式螺旋线绘制完成，如图 2-178 所示。"图纸和螺旋工具"属性栏如图 2-179 所示。

图 2-178   图 2-179

在设置栏 中可以重新设定螺旋线的扩展参数，数值越小，"螺旋线"向外扩展的幅度越小。将数值分别设置为 80 和 20 时，效果如图 2-180 所示。当数值为 1 时，将绘制出对称式螺旋线。

图 2-180

按 A 键，选择"螺纹"工具，在绘图页面中适当的位置绘制螺旋线。按住 Ctrl 键的同时进行鼠标操作，可以在绘图页面中绘制正圆螺旋线。按住 Shift 键，在绘图页面中会以当前点为中心绘制螺旋线。同时按下 Shift+Ctrl 组合键，在绘图页面中会以当前点为中心绘制正圆螺旋线。

2. 多边形工具

◎ 绘制对称多边形

选择"多边形"工具，在绘图页面中按住鼠标左键不放，拖曳鼠标到需要的位置，释放鼠标左键，对称多边形绘制完成，如图 2-181 所示。"多边形"属性栏如图 2-182 所示。

设置"多边形"属性栏中的"点数或边数"数值为 9，如图 2-183 所示。按 Enter 键，多边形效果如图 2-184 所示。

图 2-181　　　　图 2-182　　　　　　　　图 2-183　　　　图 2-184

◎ 绘制星形

选择"多边形"工具展开式工具栏中的"星形"工具，在绘图页面中按住鼠标左键不放，拖曳鼠标到需要的位置，释放鼠标左键，星形绘制完成，如图 2-185 所示。"星形"属性栏如图 2-186 所示。

设置"星形"属性栏中的"点数或边数"数值为 8，按 Enter 键，星形效果如图 2-187 所示。

图 2-185　　　　　　图 2-186　　　　　　图 2-187

◎ 绘制复杂星形

选择"多边形"工具展开式工具栏中的"复杂星形"工具，在绘图页面中按住鼠标左键不放，拖曳鼠标到需要的位置，释放鼠标左键，复杂星形绘制完成，如图 2-188 所示。"复杂星形"属性栏如图 2-189 所示。

设置"复杂星形"属性栏中的"点数或边数" ☼ 12 数值为 12，"锐度" ▲ 4 数值为 4，如图 2-190 所示。按 Enter 键，复杂星形效果如图 2-191 所示。

图 2-188　　　　　　　　　　图 2-189

图 2-190　　　　　　　　　　图 2-191

3. 钢笔工具

在 CorelDRAW X6 中各种复杂图形的绘制都可以通过"钢笔"工具来完成。使用"钢笔"工具可以绘制出多种精美的曲线和图形，还可以对已绘制的曲线和图形进行编辑和修改。

◎ 绘制直线和折线

选择"钢笔"工具 ，单击鼠标左键以确定直线的起点，拖曳鼠标到需要的位置，再单击鼠标左键以确定直线的终点，绘制出一段直线，效果如图 2-192 所示。

只要再单击确定下一个节点，就可以绘制出折线的效果；如果想绘制出多个折角的折线，只要继续单击确定节点就可以了，折线的效果如图 2-193 所示。要结束绘制，按 Esc 键或单击"钢笔"工具 即可。

图 2-192　　　　　　　　　　图 2-193

◎ 绘制曲线

选择"钢笔"工具 ，在绘图页面中单击鼠标左键以确定曲线的起点，将鼠标指针移动到需要的位置再单击并按住鼠标左键不放，在两个节点间出现一条直线段，如图 2-194 所示。

拖曳鼠标，第 2 个节点的两边出现控制线和控制点，控制线和控制点会随着鼠标的移动而发生变化，直线段变为曲线段，如图 2-195 所示。调整到需要的效果后释放鼠标左键，曲线的效果如图 2-196 所示。

图 2-194   图 2-195   图 2-196

使用相同的方法可以继续绘制曲线,效果如图 2-197、图 2-198 所示。绘制完成的曲线效果如图 2-199 所示。

图 2-197   图 2-198   图 2-199

如果想在曲线后绘制出直线,按住 C 键,在要继续绘制出直线的节点上按下鼠标左键并拖曳鼠标,这时出现节点的控制点。松开 C 键,将控制点拖曳到下一个节点的位置,如图 2-200 所示。释放鼠标左键,再单击鼠标左键,可以绘制出一段直线,效果如图 2-201 所示。

图 2-200   图 2-201

◎ 编辑曲线

在"钢笔"工具属性栏中单击"自动添加或删除节点"按钮 ,曲线绘制的过程变为自动添加或删除节点模式。

将"钢笔"工具的鼠标指针移动到节点上,鼠标指针变为删除节点图标 ,如图 2-202 所示。单击可以删除节点,效果如图 2-203 所示。

将"钢笔"工具的鼠标指针移动到曲线上,鼠标指针变为添加节点图标 ,如图 2-204 所示。单击可以添加节点,效果如图 2-205 所示。

图 2-202   图 2-203   图 2-204   图 2-205

将"钢笔"工具的鼠标指针移动到曲线的起始点，鼠标指针变为闭合曲线图标 🖊。，如图 2-206 所示。单击可以闭合曲线，效果如图 2-207 所示。

图 2-206 　　　　　　　　　　　　　　 图 2-207

　　绘制曲线的过程中，按住 Alt 键可编辑曲线段，可以进行节点的转换、移动和调整等操作，松开 Alt 键可继续进行绘制。

2.2.5 　【实战演练】绘制蜗居标志

使用"矩形"工具和底纹填充工具制作背景效果，使用"贝塞尔"工具绘制不规则图形，使用文本工具和阴影工具制作文字效果，使用螺纹工具和透镜命令制作装饰图形。（最终效果参看云盘中的"Ch02 > 效果 > 绘制蜗居标志.cdr"，如图 2-208 所示。）

扫码观看
本案例视频

图 2-208

2.3 　绘制扇子

2.3.1 　【案例分析】

折扇以竹木做扇骨，韧纸做扇面，扇面上还要题诗作画。本案例绘制折扇扇面，要求图案简洁形象、符合折扇的特色。

2.3.2 　【设计理念】

在设计制作过程中，扇面使用纯白色做底，配以传统的水墨画形式，使扇面看起来古色古香，具有传统文化的特色，风格独特，让人印象深刻。（最终效果参看云盘中的"Ch02 > 效果 > 绘制扇子.cdr"，如图 2-209 所示。）

图 2-209

2.3.3 【操作步骤】

扫码观看
本案例视频

1. 制作扇面图形

（1）选择"文件 ＞ 打开"命令，弹出"打开绘图"对话框。选择云盘中的"Ch02 ＞ 素材 ＞ 绘制扇子 ＞ 01"文件，单击"打开"按钮，效果如图 2-210 所示。

（2）选择"椭圆形"工具 ，按住 Ctrl 键的同时，绘制一个圆形，如图 2-211 所示。选择"贝塞尔"工具 ，绘制一个不规则图形，如图 2-212 所示。

图 2-210

图 2-211

图 2-212

（3）选择"选择"工具 ，用圈选的方法，同时选中圆形和不规则图形，单击属性栏中的"移除前面对象"按钮 ，将绘制的圆形剪切为扇形，效果如图 2-213 所示。

（4）选择"椭圆形"工具 ，按住 Ctrl 键的同时，绘制一个圆形，如图 2-214 所示。选择"选择"工具 ，按住 Shift 键的同时，将圆形和扇形同时选取，单击属性栏中的"移除前面对象"按钮 ，将扇形剪切为两个图形，效果如图 2-215 所示。

图 2-213

图 2-214

图 2-215

（5）选择"选择"工具 ，选中步骤（3）所得到的扇形，设置图形填充颜色的 CMYK 值为 10、10、30、0，填充图形。在"CMYK 调色板"中的"60%黑"色块上单击鼠标右键，填充图形的轮廓线，效果如图 2-216 所示。选择"排列 ＞ 顺序 ＞ 到页面后面"命令，将扇形图形放置在其他图形的后面，如图 2-217 所示。

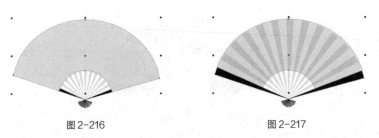

图 2-216   图 2-217

（6）选择"形状"工具 ，在扇面转折处双击鼠标，添加新的节点，效果如图 2-218 所示。用相同的方法，在扇面其他转折处添加节点，如图 2-219 所示。用圈选的方法同时选中所有添加的节点，单击属性栏中的"转换曲线为直线"按钮 ，将曲线节点转换为直线节点，效果如图 2-220 所示。

图 2-218   图 2-219   图 2-220

（7）选择"形状"工具 ，单击鼠标左键选中一个节点，将其向外拖曳到适当的位置，如图 2-221 所示。用相同的方法调整其他节点，如图 2-222 所示。选择"形状"工具 ，单击鼠标左键选中扇骨图形的节点，使之与扇面形状相符合，效果如图 2-223 所示。

图 2-221   图 2-222   图 2-223

2．导入图片并编辑

（1）选择"文件 > 导入"命令，弹出"导入"对话框。选择云盘中的"Ch02 > 素材 > 绘制扇子 > 02"文件，单击"导入"按钮，在页面中单击导入图片，效果如图 2-224 所示。按 Shift+PageDown 组合键，将图片向后移动到最底层，效果如图 2-225 所示。

扫码观看
本案例视频

图 2-224   图 2-225

（2）选择"效果 > 图框精确剪裁 > 置于图文框内部"命令，鼠标的光标变为黑色箭头形状，在图形上单击，如图 2-226 所示。将图片置入扇面图案中，效果如图 2-227 所示。扇子绘制完成，效果如图 2-228 所示。

图 2-226　　　　　　　　　　图 2-227　　　　　　　　　　图 2-228

2.3.4 【相关工具】

◎ 焊接

焊接是将几个图形结合成一个图形，新的图形轮廓由被焊接的图形边界组成，被焊接图形的交叉线都将消失。

使用"选择"工具 选中要焊接的图形，如图 2-229 所示。选择"窗口 > 泊坞窗 > 造形"命令，弹出图 2-230 所示的"造形"泊坞窗。在"造形"泊坞窗中选择"焊接"选项，再单击"焊接到"按钮，将鼠标光标移至目标对象上，单击鼠标左键，如图 2-231 所示。焊接后的效果如图 2-232 所示，新生成图形对象的轮廓线和颜色填充与目标对象完全相同。

图 2-229　　　　　　图 2-230　　　　　　图 2-231　　　　　　图 2-232

在进行焊接操作之前，可以在"造形"泊坞窗中设置是否保留原始源对象和原目标对象。选择保留"原始源对象"和"原目标对象"选项，如图 2-233 所示。再焊接图形对象时，原始源对象和原目标对象都被保留，效果如图 2-234 所示。保留原始源对象和原目标对象对"修剪"和"相交"功能也适用。

图 2-233　　　　　　　　图 2-234

选择几个要焊接的图形后，选择"排列 > 造形 > 合并"命令，或单击属性栏中的"合并"按钮 ，可以完成多个对象的焊接。

◎ 修剪

修剪是将原目标对象与原始源对象的相交部分裁掉，使原目标对象的形状被更改。修剪后的目标对象保留其颜色填充和轮廓线属性。

使用"选择"工具 ，选择原始源对象，如图 2-235 所示。在"造形"泊坞窗中选择"修剪"选项，如图 2-236 所示。单击"修剪"按钮，将鼠标光标移至原目标对象上，单击鼠标左键，如图 2-237 所示。修剪后的效果如图 2-238 所示，修剪后的原目标对象保留其颜色填充和轮廓线属性。

图 2-235   图 2-236   图 2-237   图 2-238

选择"排列 > 造形 > 修剪"命令，或单击属性栏中的"修剪"按钮 ，也可以完成修剪，原始源对象和被修剪的原目标对象会同时存在于绘图页面中。

知识提示　圈选多个图形时，在最底层的图形对象就是原目标对象。按住 Shift 键选择多个图形时，最后选中的图形就是原目标对象。

◎ 相交

相交是将两个或两个以上对象的相交部分保留，使相交的部分成为一个新的图形对象。新创建图形对象的颜色填充和轮廓线属性将与目标对象相同。

使用"选择"工具 ，选择其中的原始源对象，如图 2-239 所示。在"造形"泊坞窗中选择"相交"选项，如图 2-240 所示。单击"相交"按钮，将鼠标光标移至原目标对象上，单击鼠标左键，如图 2-241 所示。相交后的效果如图 2-242 所示，相交后图形对象将保留原目标对象的颜色填充和轮廓线属性。

图 2-239   图 2-240   图 2-241   图 2-242

选择"排列 > 造形 > 相交"命令，或单击属性栏中的"相交"按钮，也可以完成相交裁切。原始源对象和原目标对象以及相交后的新图形对象同时存在于绘图页面中。

◎ 简化

简化是减去后面图形中和前面图形的重叠部分，并保留前面图形和后面图形的状态。

使用"选择"工具选中两个相交的图形对象，如图 2-243 所示。在"造形"泊坞窗中选择"简化"选项，如图 2-244 所示。单击"应用"按钮，图形的简化后，后面图形与前面图形重叠部分被裁切，效果如图 2-245 所示。

图 2-243   图 2-244   图 2-245

选择"排列 > 造形 > 简化"命令，或单击属性栏中的"简化"按钮，也可以完成图形的简化。

◎ 移除后面对象

移除后面对象是减去后面图形，并减去前后图形的重叠部分，保留前面图形的剩余部分。

使用"选择"工具选中两个相交的图形对象，如图 2-246 所示。在"造形"泊坞窗中选择"移除后面对象"选项，如图 2-247 所示。单击"应用"按钮，移除后面对象效果如图 2-248 所示。

图 2-246   图 2-247   图 2-248

选择"排列 > 造形 > 移除后面对象"命令，或单击属性栏中的"移除后面对象"按钮，也可以完成图形"前减后"裁切的效果。

◎ 移除前面对象

移除前面对象是减去前面图形，并减去前后图形的重叠部分，保留后面图形的剩余部分。

使用"选择"工具选中两个相交的图形对象，如图 2-249 所示。在"造形"泊坞窗中选择"移除前面对象"选项，如图 2-250 所示。单击"应用"按钮，移除前面对象效果如图 2-251 所示。

选择"排列 > 造形 > 移除前面对象"命令，或单击属性栏中的"移除前面对象"按钮，也可以完成图形"后减前"裁切的效果。

图 2-249

图 2-250

图 2-251

◎ 边界

边界是可以快速创建一个所选图形的共同边界。

使用"选择"工具 ⬚，选中要创建边界的图形对象，如图 2-252 所示。在"造形"泊坞窗中选择"边界"选项，如图 2-253 所示。单击"应用"按钮，边界效果如图 2-254 所示。

图 2-252　　　　　　　图 2-253　　　　　　　图 2-254

2.3.5　【实战演练】绘制茶壶

使用"贝塞尔"工具、"钢笔"工具和"形状"工具绘制茶壶轮廓图，使用"艺术笔"工具添加花纹图形。（最终效果参看云盘中的"Ch02 > 效果 > 绘制茶壶.cdr"，如图 2-255 所示。）

扫码观看
本案例视频

图 2-255

2.4　制作饮品标志

2.4.1　【案例分析】

本案例是为某饮品店制作一款标志。饮品店目前已经成为年轻人追求和喜爱的休闲娱乐场所，所以在设计中要求绘制的图案形象生动，符合年轻人的喜好。

2.4.2 【设计理念】

在设计制作过程中，使用棕色作为标志的背景，深色的背景很好地衬托了前方的图案。运用简单的几何图形制作出饮品的形象，给人以可爱的印象。色彩运用丰富明亮，能够吸引年轻人注意。（最终效果参看云盘中的"Ch02 > 效果 > 制作饮品标志.cdr"，如图 2-256 所示。）

扫码观看
本案例视频

图 2-256

2.4.3 【操作步骤】

（1）按 Ctrl+N 组合键，新建一个 A4 页面。选择"矩形"工具 □，在页面适当的位置绘制一个矩形，如图 2-257 所示。在"CMYK 调色板"中的"宝石红"色块上单击鼠标左键，填充图形，并去除图形的轮廓线，效果如图 2-258 所示。

图 2-257　　　　　　　　　　　　图 2-258

（2）选择"星形"工具 ☆，其属性栏的设置如图 2-259 所示，在适当的位置绘制一个三角形，填充图形为白色，并去除图形的轮廓线，效果如图 2-260 所示。按数字键盘上的+键，复制三角形。选择"选择"工具 ▷，按住 Shift 键的同时，拖曳右上角的控制手柄到适当的位置，释放鼠标左键，向中心等比例缩小图形。在"CMYK 调色板"中的"深黄"色块上单击鼠标左键，填充图形，并微调到适当的位置，效果如图 2-261 所示。

（3）选择"矩形"工具 □，在适当的位置绘制一个矩形，填充图形为白色，并去除图形的轮廓线，效果如图 2-262 所示。选择"星形"工具 ☆，在适当的位置再绘制一个三角形，填充图形为白色，并去除图形的轮廓线，效果如图 2-263 所示。

（4）选择"椭圆形"工具 ○，按住 Ctrl 键的同时，在适当的位置分别绘制多个圆形。选择"选择"工具 ▷，使用圈选的方法将绘制的圆形同时选中，填充图形为白色，并去除图形的轮廓线，效果如图 2-264 所示。

图 2-259　　　　　　　　　　图 2-260　　　　　　　　　　图 2-261

图 2-262　　　　　　　　　　图 2-263　　　　　　　　　　图 2-264

（5）选择"三点矩形"工具，在适当的位置绘制一个矩形，如图 2-265 所示，在"CMYK 调色板"中的"60%黑"色块上单击鼠标左键，填充图形，并去除图形的轮廓线，效果如图 2-266 所示。

图 2-265　　　　　　　　　　　　　　图 2-266

（6）选择"三点椭圆形"工具，在适当的位置绘制一个椭圆形，填充图形为黑色，并去除图形的轮廓线，效果如图 2-267 所示。选择"三点椭圆形"工具，再绘制一个椭圆形，在"CMYK 调色板"中的"20%黑"色块上单击鼠标左键，填充图形，并去除图形的轮廓线，效果如图 2-268 所示。

图 2-267　　　　　　　　　　　　　　图 2-268

（7）选择"三点矩形"工具和"矩形"工具，在适当的位置分别绘制两个矩形，如图 2-269 所示。选择"选择"工具，按住 Shift 键的同时，将绘制的矩形同时选取，单击属性栏中的"合并"

按钮，合并图形，效果如图 2-270 所示。在"CMYK 调色板"中的"红"色块上单击鼠标左键，填充图形，并去除图形的轮廓线，效果如图 2-271 所示。

图 2-269

图 2-270

图 2-271

（8）选择"椭圆形"工具，在属性栏中单击"饼图"按钮，其他选项的设置如图 2-272 所示，按住 Ctrl 键的同时，在适当的位置绘制一个饼图，如图 2-273 所示。在"CMYK 调色板"中的"金"色块上单击鼠标左键，填充图形，并去除图形的轮廓线，效果如图 2-274 所示。

图 2-272

图 2-273

图 2-274

（9）按数字键盘上的+键，复制饼图。选择"选择"工具，按住 Shift 键的同时，向内拖曳右上角的控制手柄到适当的位置，等比例缩小图形。在"CMYK 调色板"中的"浅橘红"色块上单击鼠标左键，填充图形，效果如图 2-275 所示。在属性栏中的"旋转角度"设置栏中设置数值为 11.5°，按 Enter 键，效果如图 2-276 所示。

图 2-275

图 2-276

（10）按数字键盘上的+键，再复制饼图。在"CMYK 调色板"中的"橘红"色块上单击鼠标左键，填充图形。在属性栏中的"旋转角度"设置栏中设置数值为 36°，按 Enter 键，效果如图

2-277 所示。选择"椭圆形"工具 ◯，在属性栏中单击"椭圆形"按钮 ◯，按住 Ctrl 键的同时，在适当的位置绘制一个圆形，效果如图 2-278 所示。

（11）选择"星形"工具 ☆，在页面外拖曳鼠标绘制一个三角形，效果如图 2-279 所示。选择"选择"工具 ▢，拖曳图形到页面中适当的位置并旋转其角度，效果如图 2-280 所示。

图 2-277　　　　　图 2-278　　　　图 2-279　　　　图 2-280

（12）保持图形选取状态，再次单击图形，使其处于旋转状态，将旋转中心拖曳到适当的位置，如图 2-281 所示。选择"排列 > 变换 > 旋转"命令，弹出"变换"泊坞窗，将"旋转角度"选项设置为-30°，其他选项设置如图 2-282 所示，单击"应用"按钮，效果如图 2-283 所示。

图 2-281　　　　　图 2-282　　　　图 2-283

（13）选择"选择"工具 ▢，按住 Shift 键的同时，将绘制的橘红色饼图、圆形和三角形同时选取，如图 2-284 所示。单击属性栏中的"移除前面对象"按钮 ⬚，移除前面的图形对象，效果如图 2-285 所示。

图 2-284　　　　　图 2-285

（14）选择"文本"工具 字，在页面输入需要的文字。选择"选择"工具 ，在属性栏中选取适当的字体并设置文字大小，填充文字为白色，效果如图 2-286 所示。在属性栏中的"旋转角度"设置栏 中设置数值为 7.7°，按 Enter 键，效果如图 2-287 所示。饮品标志制作完成。

图 2-286

图 2-287

2.4.4 【相关工具】

1. 图纸工具

选择"图纸"工具 ，在绘图页面中按住鼠标左键不放，从左上角向右下角拖曳鼠标到需要的位置，释放鼠标左键，网格状的图形绘制完成，如图 2-288 所示，图纸和螺旋工具属性栏如图 2-289 所示。在设置栏 中可以重新设定图纸的列和行，绘制出需要的网格状图形效果。

图 2-288

图 2-289

按住 Ctrl 键，在绘图页面中可以绘制正网格状的图形。

按住 Shift 键，在绘图页面中会以当前点为中心绘制网格状的图形。

同时按下 Shift+Ctrl 组合键，在绘图页面中会以当前点为中心绘制正网格状的图形。

使用"选择"工具 选中网格状图形，如图 2-290 所示。选择"排列 > 取消群组"命令或按 Ctrl+U 组合键，可将绘制出的网格状图形取消群组。取消网格图形的选取状态，再使用"选择"工具 可以单独选中其中的各个图形，如图 2-291 所示。

图 2-290

图 2-291

2. 编辑命令

在 CorelDRAW X6 中，可以使用强大的编辑功能对图形对象进行编辑，其中包括对象的多种选取方式，对象的缩放、移动、镜像、旋转、复制、删除，以及对象的倾斜变换。下面将讲解多种编辑图形对象的方法和技巧。

◎ 对象的选取

在 CorelDRAW X6 中，新建一个图形对象时，一般图形对象呈选取状态，在对象的周围出现圈选框，圈选框是由 8 个控制手柄组成的。对象的中心有一个"×"形的中心标记，对象的选取状态如图 2-292 所示。

图 2-292

 在 CorelDRAW X6 中，如果要编辑一个对象，首先要选取这个对象。当选取多个图形对象时，多个图形对象共有一个圈选框。要取消对象的选取状态，只要在绘图页面中的其他位置单击鼠标左键或按 Esc 键即可。

选择"选择"工具 ，在要选取的图形对象上单击鼠标左键，即可选取该对象。

选取多个图形对象时，按住 Shift 键，依次单击选取的对象即可。同时选取的效果如图 2-293 所示。

选择"选择"工具 ，在绘图页面中要选取的图形对象外围单击鼠标左键并拖曳鼠标，出现一个蓝色的虚线圈选框，如图 2-294 所示。在圈选框完全圈选对象后释放鼠标左键，被圈选的对象即处于选取状态，如图 2-295 所示。用圈选的方法可以单独选取一个或同时选取多个对象。

图 2-293　　　　　　　　图 2-294　　　　　　　　图 2-295

在圈选的同时按住 Alt 键，蓝色的虚线圈选框接触到的对象都将被选取，如图 2-296 所示。

使用"编辑 > 全选"子菜单下的各个命令也可以选取对象，按 Ctrl+A 组合键可以选取绘图页面中的全部对象。

图 2-296

当绘图页面中有多个对象时,按空格键,快速选择"选择"工具 ,连续按 Tab 键,可以依次选择下一个对象。按住 Shift 键,再连续按 Tab 键,可以依次选择上一个对象。按住 Ctrl 键的同时,用鼠标点选可以选取群组中的单个对象。

◎ 对象的缩放

● 使用鼠标缩放对象

使用"选择"工具 选取要缩放的对象,对象的周围出现控制手柄。

用鼠标拖曳控制手柄可以缩放对象。拖曳对角线上的控制手柄可以按比例缩放对象,如图 2-297 所示。拖曳中间的控制手柄可以不按比例缩放对象,如图 2-298 所示。

图 2-297   图 2-298

拖曳对角线上的控制手柄时,按住 Ctrl 键,对象会以 100%的比例缩放。同时按下 Shift+Ctrl 组合键,对象会以 100%的比例从中心缩放。

使用"自由变换"工具 缩放对象

选择"选择"工具 并选取要缩放的对象,对象的周围出现控制手柄。选择"选择"工具 展开式工具栏中的"自由变换"工具 ,选中"自由缩放"按钮 ,自由变换工具属性栏如图 2-299 所示。

图 2-299

在"自由变换"工具属性栏中的"对象大小"设置栏 中,输入对象的宽度和高度。如果选择了"缩放因子" 中的"锁定比率"按钮 ,则宽度和高度将按比例缩放,只要改变宽度和高度

中的一个值，另一个值就会自动按比例调整。在"自由变换"工具属性栏中调整好宽度和高度后，按
Enter 键，完成对象的缩放。缩放的效果如图 2-300 所示。

图 2-300

● 使用"变换"泊坞窗缩放对象

使用"选择"工具　选取要缩放的对象，如图 2-301 所示。选择"窗口 > 泊坞窗 > 变换 > 大
小"命令，或按 Alt+F10 组合键，弹出"变换"泊坞窗，如图 2-302 所示。其中，"x"表示宽度，
"y"表示高度。如果不勾选"按比例"复选框，就可以不按比例缩放对象。

在"变换"泊坞窗中，图 2-303 所示的是可供选择的 9 个控制手柄的位置，单击一个按钮以定
义在缩放对象时保持固定不动的点，缩放的对象将基于这个点进行缩放，这个点可以决定缩放后的图
形与原图形的相对位置。

图 2-301　　　　　　　　图 2-302　　　　　　　　图 2-303

设置好需要的数值，如图 2-304 所示，单击"应用"按钮，对象的缩放完成，效果如图 2-305
所示。"副本"设置栏，可以设置变换时生成副本的数量。

图 2-304　　　　　　　　图 2-305

也可以选择"窗口 > 泊坞窗 > 变换 > 缩放和镜像"命令，或按 Alt+F9 组合键，在弹出的"变换"泊坞窗中对对象进行缩放。

◎ 对象的移动

● 使用工具和键盘移动对象

使用"选择"工具 选取要移动的对象，如图 2-306 所示。使用"选择"工具 或其他绘图工具，将鼠标的光标移到对象的中心控制点，光标将变为十字箭头形 ，如图 2-307 所示。按住鼠标左键不放，拖曳对象到需要的位置，释放鼠标左键，完成对象的移动，效果如图 2-308 所示。

图 2-306   图 2-307   图 2-308

选取要移动的对象，用键盘上的方向键可以微调对象的位置，系统使用默认值时，对象将以 0.1 英寸的增量移动。选择"选择"工具 后不选取任何对象，在属性栏中的设置栏 中可以重新设定每次微调移动的距离。

● 使用属性栏移动对象

选取要移动的对象，在属性栏的"对象位置"设置栏 中输入对象要移动到的新位置的横坐标和纵坐标，可移动对象。

● 使用"变换"泊坞窗移动对象

选取要移动的对象，选择"窗口 > 泊坞窗 > 变换 > 位置"命令，或按 Alt+F7 组合键，将弹出"变换"泊坞窗，"x"表示对象所在位置的横坐标，"y"表示对象所在位置的纵坐标。如果勾选"相对位置"复选框，对象将按设置数值相对于原位置的中心进行移动。设置好后，单击"应用"按钮，或按 Enter 键，完成对象的移动。移动前后的位置如图 2-309 所示。

图 2-309

设置好数值后，在"副本"选项中输入数值 1，可以在设置的新位置复制生成一个新的对象。

◎ 对象的镜像

镜像效果经常被应用到设计作品中。在 CorelDRAW 中，可以使用多种方法使对象沿水平、垂直或对角线的方向作镜像翻转。

● 使用鼠标镜像对象

选取要作镜像变换的对象，如图 2-310 所示。按住鼠标左键直接拖曳控制手柄到相对的边，直到显示对象的蓝色虚线框，如图 2-311 所示，释放鼠标左键就可以得到不规则的镜像对象，如图 2-312 所示。

图 2-310   图 2-311   图 2-312

按住 Ctrl 键，直接拖曳左边或右边中间的控制手柄到相对的边，可以完成保持原对象比例进行水平镜像变换，如图 2-313 所示。按住 Ctrl 键，直接拖曳上边或下边中间的控制手柄到相对的边，可以完成保持原对象比例进行垂直镜像变换，如图 2-314 所示。按住 Ctrl 键，直接拖曳角上的控制手柄到对角处，可以完成保持原对象比例沿对角线方向的镜像变换，如图 2-315 所示。

图 2-313   图 2-314   图 2-315

 在镜像的过程中，默认不会保留原对象。如果想产生图 2-313、图 2-314、图 2-315 所示的效果，就要在镜像的位置生成一个复制对象。方法很简单，在释放鼠标左键之前按下鼠标右键，就可以在镜像的位置生成一个复制对象。

● 使用属性栏镜像对象

使用"选择"工具 选取要作镜像变换的对象，如图 2-316 所示，属性栏如图 2-317 所示。

单击属性栏中的"水平镜像"按钮 ，可以使对象沿水平方向作镜像翻转。单击"垂直镜像"按钮 ，可以使对象沿垂直方向作镜像翻转。

图 2-316

图 2-317

● 使用"变换"泊坞窗镜像对象

选取要作镜像变换的对象,选择"窗口 > 泊坞窗 > 变换 > 缩放和镜像"命令,或按 Alt+F9 组合键,弹出"变换"泊坞窗,单击"水平镜像"按钮,可以使对象沿水平方向作镜像翻转。单击 "垂直镜像"按钮,可以使对象沿垂直方向作镜像翻转。设置好需要的数值,单击"应用"按钮即 可看到镜像效果。

还可以设置产生一个变形的镜像对象。在"变换"泊坞窗进行图 2-318 所示的参数设定,设置 完成后,单击"应用"按钮,生成一个变形的镜像对象,效果如图 2-319 所示。

图 2-318

图 2-319

◎ 对象的旋转

● 使用鼠标旋转对象

使用"选择"工具,选取要旋转的对象,对象的周围出现控制手柄。再次单击对象,这时对象的 周围出现旋转和倾斜控制手柄,如图 2-320 所示。

图 2-320

将鼠标的光标移动到旋转控制手柄上,这时光标变为旋转符号,如图 2-321 所示。按住鼠标 左键,拖曳鼠标旋转对象,旋转时会出现蓝色的虚线框指示旋转方向和角度,如图 2-322 所示。旋转 到需要的角度后,释放鼠标左键,完成对象的旋转,效果如图 2-323 所示。

对象是围绕旋转中心⊙旋转的，默认的旋转中心⊙是对象的中心点，将鼠标光标移动到旋转中心上，按住鼠标左键拖曳旋转中心⊙到需要的位置，释放鼠标左键，完成对旋转中心的移动。

图 2-321　　　　　　　　　图 2-322　　　　　　　　　图 2-323

● 使用属性栏旋转对象

选取要旋转的对象，效果如图 2-324 所示。选择"选择"工具 ，在属性栏中的"旋转角度" 文本框中设置旋转的角度数值为 40，如图 2-325 所示，按 Enter 键，效果如图 2-326 所示。

图 2-324　　　　　　　　　图 2-325　　　　　　　　　图 2-326

● 使用"变换"泊坞窗旋转对象

选取要旋转的对象，如图 2-327 所示。选择"窗口 ＞ 泊坞窗 ＞ 变换 ＞ 旋转"命令，或按 Alt+F8 组合键，弹出"变换"泊坞窗，如图 2-328 所示。也可以在已打开的"变换"泊坞窗中单击"旋转"按钮 。

在"变换"泊坞窗的"旋转"设置区的"角度"设置栏中直接输入旋转的角度数值，旋转角度数值可以是正值也可以是负值。在"中心"设置区中输入旋转中心的坐标位置。选中"相对中心"复选框，则旋转中心位置的设置值为相对于原对象中心位置的数值。"变换"泊坞窗按图 2-329 所示进行设置，设置完成后，单击"应用"按钮，对象旋转的效果如图 2-330 所示。

图 2-327　　　　　　　图 2-328　　　　　　　图 2-329　　　　　　　图 2-330

◎ 对象的倾斜变换

● 使用鼠标倾斜变形对象

选取要倾斜变形的对象，对象的周围出现控制手柄。再次单击对象，这时对象的周围出现旋转 ✔
和倾斜 ↔ 控制手柄，如图 2-331 所示。

将鼠标指针移动到倾斜控制手柄上，鼠标指针变为倾斜符号 ⇌，如图 2-332 所示。按住鼠标左
键，拖曳鼠标使对象变形，倾斜变形时会出现蓝色的虚线框指示倾斜变形的方向和角度，如图 2-333
所示。倾斜到需要的角度后，释放鼠标左键，对象倾斜变形的效果如图 2-334 所示。

| 图 2-331 | 图 2-332 | 图 2-333 | 图 2-334 |

● 使用"变换"泊坞窗倾斜变形对象

选取要倾斜变形的对象，如图 2-335 所示。选择"窗口 > 泊坞窗 > 变换 > 倾斜"命令，弹
出"变换"泊坞窗，如图 2-336 所示。也可以在已打开的"变换"泊坞窗中单击"倾斜"按钮 ，
在"变换"泊坞窗中设置倾斜变形的数值，如图 2-337 所示。单击"应用"按钮，对象产生倾斜变形，
效果如图 2-338 所示。

| 图 2-335 | 图 2-336 | 图 2-337 | 图 2-338 |

◎ 对象的复制

● 使用命令复制对象

选取要复制的对象，如图 2-339 所示。选择"编辑 > 复制"命令，或按 Ctrl+C 组合键，对象
的副本将被放置在剪贴板中。选择"编辑 > 粘贴"命令，或按 Ctrl+V 组合键，对象的副本被粘贴
到原对象的下面，位置和原对象是相同的。用鼠标移动对象，可以显示复制的对象，如图 2-340
所示。

图 2-339　　　　　　　　　图 2-340

 知识提示 选择"编辑 > 剪切"命令，或按 Ctrl+X 组合键，对象将从绘图页面中删除并被放置在剪贴板中。

● 使用鼠标拖曳方式或快捷键复制对象

选取要复制的对象，如图 2-341 所示。将鼠标光标移动到对象的中心点上，光标变为移动光标 ✛，如图 2-342 所示。按住鼠标左键拖曳对象到需要的位置，如图 2-343 所示。至合适的位置后单击鼠标右键，对象的复制完成，效果如图 2-344 所示。

图 2-341　　　　　图 2-342　　　　　图 2-343　　　　　图 2-344

选取要复制的对象，按住鼠标右键并拖曳对象到需要的位置，释放鼠标右键后弹出图 2-345 所示的快捷菜单，选择"复制"命令，完成对象的复制，如图 2-346 所示。

使用"选择"工具 选取要复制的对象，在数字键盘上按+键，可以快速复制对象。

图 2-345　　　　　　　　　图 2-346

● 使用命令复制对象属性

选取要复制属性的对象，如图 2-347 所示。选择"编辑 > 复制属性自"命令，弹出"复制属性"对话框，如图 2-348 所示。在对话框中勾选"填充"复选框，单击"确定"按钮，鼠标光标显示为黑色箭头，在要复制其属性的对象上单击，如图 2-349 所示，对象的属性复制完成，效果如图 2-350 所示。

图 2-347   图 2-348   图 2-349   图 2-350

 可以在两个不同的绘图页面中复制对象，使用鼠标左键拖曳其中一个绘图页面中的对象到另一个绘图页面中，在释放鼠标左键前单击鼠标右键即可复制对象。

◎ 对象的删除

在 CorelDRAW X6 中，可以方便快捷地删除对象。

选取要删除的对象，如图 2-351 所示。选择"编辑 > 删除"命令，如图 2-352 所示，或按 Delete 键，可以将选取的对象删除，效果如图 2-353 所示。

图 2-351   图 2-352   图 2-353

 如果想删除多个或全部的对象，首先要选取这些对象，再执行"删除"命令或按 Delete 键。

2.4.5 【实战演练】绘制南瓜

使用"椭圆形"工具、"贝塞尔"工具和"填充"工具绘制南瓜图形，使用"钢笔"工具、"形状"工具调整图形。（最终效果参看云盘中的"Ch02 > 效果 > 绘制南瓜.cdr"，如图 2-354 所示。）

扫码观看
本案例视频

图 2-354

2.5　综合演练——绘制卡通锁

2.5.1　【案例分析】

本案例是为某公司设计一个卡通锁的图形。卡通标志目前在我们的生活中随处可见，所以设计要具有特色，能够吸引人们的目光。

2.5.2　【设计理念】

在设计制作过程中，使用灰色与蓝色作为锁的主体，给人简洁、干净、明快的印象；钥匙以黄色为主，横置在锁的前方，搭配合理，令使用者观看起来清晰明了；可爱的造型，符合现代的流行趋势。

2.5.3　【知识要点】

使用矩形工具和椭圆形工具绘制锁图形；使用透明度工具制作锁图形的高光；使用贝塞尔工具和椭圆形工具绘制钥匙图形。（最终效果参看云盘中的"Ch02 > 效果 > 绘制卡通锁.cdr"，如图 2-355 所示。）

扫码观看
本案例视频

图 2-355

2.6　综合演练——绘制急救箱

2.6.1　【案例分析】

图标是指具有指代意义的图形符号，具有高度浓缩并快捷传达信息、便于记忆的特性。其应用范围很广，在日常生活中随处可见。本案例是设计一个急救箱，要求具有便捷的信息传达功效。

2.6.2　【设计理念】

在设计制作过程中，图标以急救箱的长方形为轮廓，用红白的颜色搭配展现出强烈的视觉冲击效果及识别性；红色象征着情况的紧急，白色的十字架及文字在突出产品功能的同时，让人一目了然。整个图标简洁直观，视觉效果强烈，具有很高的识别度。

2.6.3 【知识要点】

使用"矩形"工具、"倾斜"命令、"合并"命令和"移除前面对象"命令绘制急救箱图形，使用"文本"工具添加文字效果。（最终效果参看云盘中的"Ch02 > 效果 > 绘制急救箱.cdr"，如图2-356所示。）

扫码观看
本案例视频

图 2-356

03

第 3 章
插画设计

插画已经被广泛应用于报刊、广告、包装和纺织品领域。使用 CorelDRAW 绘制的插画简洁明快、独特新颖、形式多样。本章以多个主题插画为例，讲解插画的多种绘制方法和技巧。

课堂学习目标

- ✔ 了解插画的概念和应用领域
- ✔ 了解插画的分类
- ✔ 了解插画的风格特点
- ✔ 掌握插画的绘制思路和过程
- ✔ 掌握插画的绘制方法和技巧

3.1 绘制可爱棒冰插画

3.1.1 【案例分析】

本案例是为卡通图书绘制可爱棒冰插画。在插画绘制上以可爱形象的棒冰图形为主体，通过简洁的绘画语言，表现出棒冰可爱的造型和美味的口感。

3.1.2 【设计理念】

在设计绘制过程中，用黄色的棒冰图形重复排列，构成插画的背景效果，营造出时尚而清新的感觉。拟人化的棒冰图形活泼可爱、形象生动，突显出活力。整个画面自然协调，生动且富于变化，让人印象深刻。（最终效果参看云盘中的"Ch03 > 效果 > 绘制可爱棒冰插画.cdr"，如图 3-1 所示。）

扫码观看
本案例视频

图 3-1

3.1.3 【操作步骤】

（1）按 Ctrl+N 组合键，新建一个页面。在属性栏的"页面度量"选项中分别设置宽度为 200mm、高度为 200mm，按 Enter 键，页面尺寸显示为设置的大小。

（2）选择"文件 > 导入"命令，弹出"导入"对话框。选择云盘中的"Ch03 > 素材 > 绘制可爱棒冰插画 > 01"文件，单击"导入"按钮。在页面中单击导入的图形，按 P 键，图片在页面中居中对齐，效果如图 3-2 所示。

（3）选择"贝塞尔"工具，绘制一个不规则图形，如图 3-3 所示。设置图形填充颜色的 CMYK 值为 0、1、27、0，填充图形，并去除图形的轮廓线，效果如图 3-4 所示。

图 3-2　　　　　　　　　图 3-3　　　　　　　　　图 3-4

（4）选择"贝塞尔"工具，绘制一个不规则图形。设置图形填充颜色的 CMYK 值为 6、11、73、0，填充图形，并去除图形的轮廓线，效果如图 3-5 所示。选择"贝塞尔"工具，绘制一个不规则图形，如图 3-6 所示。

图 3-5　　　　　　　　　　　　　　图 3-6

（5）按 F11 键，弹出"渐变填充"对话框。选择"双色"单选项，将"从"选项颜色的 CMYK 值设置为 40、73、94、66，"到"选项颜色的 CMYK 值设置为 50、75、100、15，其他选项的设置如图 3-7 所示。单击"确定"按钮，填充图形，并去除图形的轮廓线，效果如图 3-8 所示。

（6）选择"贝塞尔"工具，绘制多个不规则图形。填充图形为白色，并去除图形的轮廓线，效果如图 3-9 所示。

图 3-7　　　　　　　　　　图 3-8　　　　　　　　　　图 3-9

（7）选择"贝塞尔"工具，在适当的位置绘制一个图形。设置图形填充颜色的 CMYK 值为 67、80、100、60，填充图形并去除图形的轮廓线，效果如图 3-10 所示。用相同的方法再绘制一个图形，并填充相同的颜色，效果如图 3-11 所示。

图 3-10　　　　　　　　　　图 3-11

（8）选择"贝塞尔"工具 ，在适当的位置绘制一个图形。设置图形填充颜色的CMYK值为67、80、100、60，填充图形，并去除图形的轮廓线，效果如图3-12所示。

（9）选择"贝塞尔"工具 ，在适当的位置绘制一个图形。设置图形填充颜色的CMYK值为14、87、30、0，填充图形，并去除图形的轮廓线，效果如图3-13所示。

（10）选择"贝塞尔"工具 ，在适当的位置绘制一个图形。设置图形填充颜色的CMYK值为0、51、0、0，填充图形，并去除图形的轮廓线，效果如图3-14所示。

（11）选择"椭圆形"工具 ，按住Ctrl键的同时，在适当的位置拖曳鼠标绘制一个圆形，如图3-15所示。

图 3-12　　　　图 3-13　　　　图 3-14　　　　图 3-15

（12）按F11键，弹出"渐变填充"对话框。单击"双色"单选钮，将"从"选项颜色的CMYK值设置为20、70、68、0，"到"选项颜色的CMYK值设置为13、39、33、0，其他选项的设置如图3-16所示。单击"确定"按钮，填充图形并去除图形的轮廓线，效果如图3-17所示。用相同的方法再绘制一个圆形，并填充相同的颜色，效果如图3-18所示。

图 3-16　　　　　　　　图 3-17　　　　图 3-18

（13）选择"椭圆形"工具 ，绘制一个椭圆形。设置图形填充颜色的CMYK值为14、10、62、0，填充图形并去除图形的轮廓线，效果如图3-19所示。

（14）选择"椭圆形"工具 ，绘制一个椭圆形。设置图形填充颜色的CMYK值为55、70、90、81，填充图形并去除图形的轮廓线，效果如图3-20所示。

（15）选择"贝塞尔"工具 ，在适当的位置绘制一个图形。设置图形填充颜色的CMYK值为25、38、68、8，填充图形并去除图形的轮廓线，效果如图3-21所示。

（16）选择"贝塞尔"工具 ，在适当的位置绘制一个图形。设置图形填充颜色的CMYK值为5、15、65、7，填充图形并去除图形的轮廓线，效果如图3-22所示。可爱棒冰插画绘制完成。

图 3-19

图 3-20

图 3-21

图 3-22

3.1.4 【相关工具】

1. 贝塞尔工具

利用"贝塞尔"工具 可以绘制平滑、精确的曲线。可以通过确定节点和改变控制点的位置来控制曲线的弯曲度。可以通过节点和控制点对绘制完的直线或曲线进行精确的调整。

◎ 绘制直线和折线

选择"贝塞尔"工具 ，在绘图页面中单击鼠标左键以确定直线的起点，拖曳鼠标指针到需要的位置，再单击鼠标左键以确定直线的终点，绘制出一段直线。只要确定下一个节点，就可以绘制出折线的效果。如果想绘制出多个折角的折线，只要继续确定节点即可，如图 3-23 所示。

如果双击折线上的节点，将删除这个节点，与之相邻的另外两个节点将自动连接，效果如图 3-24 所示。

图 3-23　　　　　　　　　　　　图 3-24

◎ 绘制曲线

选择"贝塞尔"工具 ，在绘图页面中按住鼠标左键并拖曳鼠标以确定曲线的起点，松开鼠标左键，这时该节点的两边出现控制线和控制点，如图 3-25 所示。

将鼠标指针移动到需要的位置单击并按住鼠标左键不动，在两个节点间出现一条曲线段，拖曳鼠标，第 2 个节点的两边出现控制线和控制点，控制线和控制点会随着指针的移动而发生变化，曲线的形状也会随之发生变化，调整到需要的效果后，释放鼠标左键，如图 3-26 所示。

在下一个需要的位置单击鼠标左键后，将出现一条连续的平滑曲线，如图 3-27 所示。选择"形状"工具 并在第 2 个节点处单击鼠标左键，出现控制线和控制点，效果如图 3-28 所示。

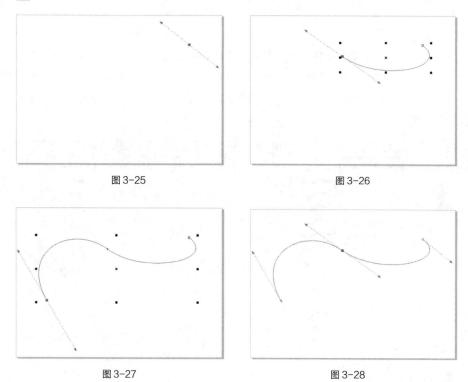

图 3-25   图 3-26

图 3-27   图 3-28

知识提示

当确定一个节点后，在这个节点上双击，再单击确定下一个节点后出现直线。当确定一个节点后，在这个节点上双击，再单击确定下一个节点并拖曳这个节点后出现曲线。

2. 艺术笔工具

在 CorelDRAW X6 中，使用"艺术笔"工具 可以绘制出多种精美的线条和图形，可以模仿画笔的真实效果，在画面中产生丰富的变化。使用"艺术笔"工具可以绘制出不同风格的设计作品。

选择"艺术笔"工具 ，属性栏如图 3-29 所示，其中包含 5 种模式 ，分别是"预设"模式、"笔刷"模式、"喷涂"模式、"书法"模式和"压力"模式。下面具体介绍这 5 种模式。

图 3-29

◎ 预设模式

预设模式提供了多种线条类型，并且可以改变线条的宽度。单击属性栏中"预设笔触列表"右侧

的按钮 ，弹出其下拉列表，如图 3-30 所示。在线条列表框中单击选择需要的线条类型。

单击属性栏中的"手绘平滑"设置区，弹出滑动条，拖曳滑动条或输入数值可以调节绘图时线条的平滑程度。在"艺术笔工具宽度"设置栏 中输入数值可以设置曲线的宽度。选择"预设"模式和线条类型后，鼠标指针变为 形状，在绘图页面中按住鼠标左键并拖曳鼠标，可以绘制封闭的线条图形。

◎ 笔刷模式

笔刷模式提供了多种颜色样式的笔刷，将笔刷应用在曲线上，可以绘制出漂亮的效果。

在属性栏中单击"笔刷"模式按钮 ，单击属性栏中"笔触列表"右侧的按钮 ，弹出其下拉列表，如图 3-31 所示。在列表框中单击选择需要的笔刷类型，在页面中按住鼠标左键并拖曳鼠标，可以绘制需要的图形。

图 3-30   图 3-31

◎ 喷涂模式

喷涂模式提供了多种有趣的图形对象，这些图形对象可以应用在绘制的曲线上。

在属性栏中单击"喷涂"模式按钮 ，属性栏如图 3-32 所示。单击属性栏中"喷射图样"右侧的按钮 ，弹出其下拉列表，如图 3-33 所示，在列表框中可以选择需要的喷涂类型。单击属性栏中"选择喷涂顺序"选项，弹出下拉列表，可以选择喷出图形的顺序。选择"随机"选项，喷出的图形将会随机分布；选择"顺序"选项，喷出的图形将会以方形区域分布；选择"按方向"选项，喷出的图形将会沿光标拖曳的路径分布。在页面中按住鼠标左键并拖曳鼠标，可以绘制出需要的图形。

◎ 书法模式

在书法模式下，可以绘制出类似书法笔的效果，可以改变曲线的粗细。

在属性栏中单击"书法"模式按钮 ，属性栏如图 3-34 所示。在属性栏的"书法角度"设置栏 中，可以设置"笔触"和"笔尖"的角度。如果角度值设为 0°，书法笔垂直方向画出的线条最粗，笔尖是水平的；如果角度值设置为 90°，书法笔水平方向画出的线条最粗，笔尖是垂直的。在绘图页面中按住鼠标左键并拖曳鼠标即可绘制图形。

◎ 压力模式

在压力模式下，可以用压力感应笔或键盘输入的方式改变线条的粗细，应用好这个功能可以绘制出特殊的图形效果。

图 3-32 图 3-33

在属性栏的"预设笔触列表"中选择需要的画笔,单击"压力"模式按钮 ,属性栏如图 3-35 所示。在"压力"模式中设置好压力感应笔的平滑度和画笔的宽度,在绘图页面中按住鼠标左键并拖曳鼠标即可绘制图形。

图 3-34 图 3-35

3. 渐变填充

渐变填充是一种非常实用的功能,在设计制作工作中经常被应用。在 CorelDRAW X6 中,渐变填充提供了线性、辐射、圆锥和正方形 4 种渐变色彩的形式,可以绘制出多种渐变颜色效果。下面介绍使用渐变填充的方法和技巧。

◎ 使用属性栏和工具栏进行填充

绘制一个图形,如图 3-36 所示。单击"交互式填充"工具 ，在属性栏中进行设置,如图 3-37 所示。按 Enter 键,效果如图 3-38 所示。

图 3-36 图 3-37 图 3-38

单击渐变类型设置栏 线性 ▼ ,弹出其下拉列表,可以选择渐变的类型。辐射、圆锥和正方形渐变填充的效果如图 3-39 所示。

属性栏中左侧的颜色设置栏 ■▼ 用于设置渐变"起点"颜色,右侧的设置栏 □▼ 用于设置渐变"终点"颜色。单击设置栏右侧的按钮 ▼ ,弹出调色板,如图 3-40 所示,可在其中选择渐变颜色。单击"更多"按钮,弹出"选择颜色"对话框,如图 3-41 所示,可在其中调配所需的渐变颜色。

图 3-39

图 3-40

图 3-41

在属性栏中的渐变中心设置栏 ✛ 50 ⬦ % 中输入数值后，按 Enter 键，可以设置渐变中心点的位置。设置不同的中心点后，渐变效果如图 3-42 所示。

在属性栏中渐变角度设置栏的 ↙ 359.699 ⬦ ⚙ 中输入数值后，按 Enter 键，可以设置渐变填充的角度。设置不同的角度后，渐变效果如图 3-43 所示。

图 3-42　　　　　　　　　　　图 3-43

在属性栏中的边缘宽度设置栏 ∟ 0 ⬦ % 中输入数值后，按 Enter 键，可以设置渐变填充的边缘宽度。设置不同的边缘宽度后，渐变效果如图 3-44 所示。

在属性栏中的渐变层次设置栏 ⬚ 8 ⬦ 🔒 中输入数值后，按 Enter 键，可以设置渐变的层次，系统根据可用资源的状况来决定渐变的层次数，最高值为 256。单击设置栏 256 ⬦ 右侧的按钮 🔒 进行解锁后，就可以设置渐变的层次了，渐变层次的效果如图 3-45 所示。

图 3-44   图 3-45

绘制一个图形，如图 3-46 所示。选择"交互式填充"工具 ，在起点颜色的位置单击并按住鼠标左键拖曳鼠标到适当的位置，释放鼠标左键，图形被填充了预设的颜色，效果如图 3-47 所示。在拖曳的过程中可以控制渐变的角度、渐变的边缘宽度等渐变属性。

拖曳起点颜色和终点颜色控制手柄，可以改变渐变的角度和边缘宽度，如图 3-48、图 3-49 所示。拖曳中间点可以调整渐变颜色的分布。

图 3-46   图 3-47   图 3-48   图 3-49

拖曳渐变虚线，可以控制渐变颜色控制手柄与图形之间的相对位置，如图 3-50 所示。

图 3-50

◎ 使用"渐变填充"对话框填充

选择"填充"工具 展开式工具栏中的"渐变填充对话框"工具 ，弹出"渐变填充"对话框，如图 3-51 所示。在对话框的"颜色调和"设置区中可选择渐变填充的两种类型，即"双色"或"自定义"渐变填充。

"双色"渐变填充的对话框如图 3-51 所示，对话框中的"预设"选项中包含了 CorelDRAW X6 预设的一些渐变效果。单击"预设"选项右侧的按钮 ，可以将调配好的渐变效果添加到预设选项中；单击"预设"选项右侧的按钮 ，可以删除预设选项中的渐变效果。

图 3-51

在"颜色调和"设置区的中部有 3 个按钮，可以用它们来确定颜色在"色轮"中所要遵循的路径。上方的按钮 表示以沿直线变化的色相和饱和度决定中间的填充颜色，中间的按钮 表示以"色轮"中沿逆时针路径变化的色相和饱和度决定中间的填充颜色，下面的按钮 表示以"色轮"中沿顺时针路径变化的色相和饱和度决定中间的填充颜色。

在对话框中设置好渐变颜色后，单击"确定"按钮，完成图形的渐变填充。

单击选择"自定义"选项，如图 3-52 所示。在"颜色调和"设置区中，出现了"预览色带"和"调色板"，在"预览色带"上方的左右两侧各有一个小正方形，分别表示自定义渐变填充的起点和终点颜色。单击终点的小正方形将其选取，小正方形由白色变为黑色，如图 3-53 所示。再单击调色板中的颜色，可改变自定义渐变填充终点的颜色。

| 图 3-52 | 图 3-53 |

在"预览色带"上的起点和终点颜色之间双击，在预览色带上产生一个黑色倒三角形 ，即新增了一个渐变颜色标记，如图 3-54 所示。"位置"选项中显示的百分数就是当前新增渐变颜色标记的位置。"当前"选项中显示的颜色就是当前新增渐变颜色标记的颜色。

在"调色板"中单击需要的渐变颜色，"预览色带"上新增渐变颜色标记上的颜色将改变为新颜色，"当前"选项中也将显示新选择的渐变颜色，如图 3-55 所示。

| 图 3-54 | 图 3-55 |

在"预览色带"上的新增渐变颜色标记上按住鼠标左键并拖曳，可以调整新增渐变颜色的位置，"位置"选项中的百分数将随之改变，如图 3-56 所示。直接在"位置"选项中输入数值也可以调整新

增渐变颜色的位置。

使用相同的方法可以在预览色带上新增多个渐变颜色标记，制作出更符合设计需要的渐变效果，如图 3-57 所示。

图 3-56　　　　　　　　　　　　　　　　　图 3-57

◎　使用预设的渐变填充样式

直接使用已保存的渐变填充样式，是用户节省时间、提高工作效率的好方法。下面介绍 CorelDRAW X6 中预设的渐变填充样式。

绘制一个图形，如图 3-58 所示。"渐变填充"对话框的"预设"选项包含了 CorelDRAW X6 预设的一些渐变填充样式，如图 3-59 所示。

图 3-58　　　　　　　　　　　　　　　　　图 3-59

选择好一个预设的渐变填充样式，单击"确定"按钮，即可完成渐变填充。使用预设的渐变填充样式填充的各种渐变效果如图 3-60 所示。

图 3-60

3.1.5 【实战演练】绘制小天使

使用贝塞尔工具、椭圆形工具和填充工具绘制小天使图形，使用贝塞尔工具和轮廓笔命令绘制翅膀图形。（最终效果参看云盘中的"Ch03 > 效果 > 绘制小天使.cdr"，如图 3-61 所示。）

扫码观看
本案例视频

图 3-61

3.2 绘制生态保护插画

3.2.1 【案例分析】

本案例是为卡通图书绘制生态保护插画，主要介绍的是保护海洋珍稀动物。在插画绘制上要通过简洁的绘画语言突出宣传的主题。

3.2.2 【设计理念】

在设计绘制过程中，通过蓝色的海洋背景突出前方的宣传主体，展现出海洋的浩瀚、壮阔。形象生动的鲸鱼图形醒目突出，辨识度高，能引导人们的视线。宣传文字在深蓝色水花图形的衬托下，醒目突出，点明了宣传的主题。（最终效果参看云盘中的"Ch03 > 效果 > 绘制生态保护插画.cdr"，如图 3-62 所示。）

图 3-62

3.2.3 【操作步骤】

（1）按 Ctrl+N 组合键，新建一个 A4 页面。在属性栏的"页面度量"选项中分别设置宽度为 190mm、高度为 300mm，按 Enter 键，页面尺寸显示为设置的大小。

（2）选择"文件 > 导入"命令，弹出"导入"对话框。选择云盘中的"Ch03 > 素材 > 绘制生态保护插画 > 01"文件，单击"导入"按钮。在页面中单击导入的图片，按 P 键，图片在页面居中对齐，效果如图 3-63 所示。选择"贝塞尔"工具 ✎，在页面中绘制一个不规则闭合图形，如图 3-64 所示。

图 3-63   图 3-64

（3）选择"形状"工具 ✎，选取需要的节点，如图 3-65 所示。单击属性栏中的"转换为曲线"按钮 ⌐，节点上出现控制线，如图 3-66 所示，选取需要的控制线并将其拖曳到适当的位置，效果如图 3-67 所示。用相同的方法调整右侧的节点到适当的位置，如图 3-68 所示。

（4）用相同的方法将其他节点转换为曲线，并分别调整其位置和弧度，效果如图 3-69 所示。填充图形为黑色并去除图形的轮廓线，效果如图 3-70 所示。

图 3-65   图 3-66   图 3-67

图 3-68   图 3-69   图 3-70

（5）选择"贝塞尔"工具 ✎，绘制一个图形。填充图形为白色，并去除图形的轮廓线，效果如图 3-71 所示。

（6）选择"贝塞尔"工具 ✎，绘制一个图形。设置图形填充颜色的 CMYK 值为 47、81、0、0，填充图形，并去除图形的轮廓线，效果如图 3-72 所示。

图 3-71　　　　　　　　　　　　　　图 3-72

（7）选择"2 点线"工具，绘制一条直线。设置轮廓线颜色的 CMYK 值为 78、23、0、0，填充轮廓线，效果如图 3-73 所示。按 F12 键，弹出"轮廓笔"对话框，选项的设置如图 3-74 所示。单击"确定"按钮，效果如图 3-75 所示。用相同的方法绘制其他直线，并填充相同的颜色，效果如图 3-76 所示。

图 3-73　　　　　　　　图 3-74　　　　　　　　图 3-75　　　　　　图 3-76

（8）选择"贝塞尔"工具，绘制一个图形。设置图形填充颜色的 CMYK 值为 79、26、0、0，填充图形并去除图形的轮廓线，效果如图 3-77 所示。

（9）选择"贝塞尔"工具，绘制一条曲线。设置轮廓线颜色的 CMYK 值为 100、79、23、0，填充轮廓线，效果如图 3-78 所示。

图 3-77　　　　　　　　　　　　　图 3-78

（10）按 F12 键，弹出"轮廓笔"对话框，选项的设置如图 3-79 所示。单击"确定"按钮，效果如图 3-80 所示。用相同的方法绘制其他曲线，并填充相同的颜色，效果如图 3-81 所示。

（11）选择"选择"工具，将曲线图形同时选取。选择"效果 > 图框精确剪裁 > 置于图文框内部"命令，鼠标指针变为黑色箭头，在蓝色不规则图形上单击，如图 3-82 所示。将曲线置入不规则图形中，效果如图 3-83 所示。多次按 Ctrl+PageDown 组合键，将图形后置，效果如图 3-84 所示。

图 3-79   图 3-80   图 3-81

图 3-82   图 3-83   图 3-84

（12）选择"文件 > 导入"命令，弹出"导入"对话框。选择云盘中的"Ch03 > 素材 > 绘制
生态保护插画 > 02"文件，单击"导入"按钮。选择"选择"工具 ⌖，在页面中单击导入的图片，
将其拖曳到适当的位置，效果如图 3-85 所示。

（13）选择"贝塞尔"工具 ✎。绘制一个图形。设置图形填充颜色的 CMYK 值为 100、78、22、
0，填充图形并去除图形的轮廓线，效果如图 3-86 所示。

（14）选择"贝塞尔"工具 ✎。绘制一个图形。设置图形填充颜色的 CMYK 值为 79、26、0、0，
填充图形并去除图形的轮廓线，效果如图 3-87 所示。

图 3-85   图 3-86   图 3-87

（15）选择"贝塞尔"工具 ✎，绘制一条曲线。设置轮廓线颜色的 CMYK 值为 100、79、23、0，
填充轮廓线，效果如图 3-88 所示。

（16）按 F12 键，弹出"轮廓笔"对话框，选项的设置如图 3-89 所示。单击"确定"按钮，效
果如图 3-90 所示。用相同的方法绘制其他曲线，并填充相同的颜色，效果如图 3-91 所示。

图 3-88
图 3-89

图 3-90

图 3-91

（17）选择"选择"工具 ，将曲线图形同时选取。选择"效果 > 图框精确剪裁 > 置于图文框内部"命令，鼠标指针变为黑色箭头，在蓝色不规则图形上单击，如图 3-92 所示。将曲线置入不规则图形中，效果如图 3-93 所示。

（18）选择"文件 > 导入"命令，弹出"导入"对话框。选择云盘中的"Ch03 > 素材 > 绘制生态保护插画 > 03"文件，单击"导入"按钮。选择"选择"工具 ，在页面中单击导入的图片，将其拖曳到适当的位置，效果如图 3-94 所示。生态保护插画绘制完成。

图 3-92

图 3-93

图 3-94

3.2.4 【相关工具】

1. 编辑曲线的节点

节点是构成图形对象的基本要素。用"形状"工具 选择曲线或图形对象后，会显示曲线或图形的全部节点。通过移动节点和节点的控制点、控制线可以编辑曲线或图形的形状，还可以通过增加和删除节点来进一步编辑曲线或图形。

绘制一条曲线，如图 3-95 所示。使用"形状"工具 ，单击选中曲线上的节点，如图 3-96 所示。弹出的属性栏如图 3-97 所示。

在编辑曲线、多边形和封套属性栏中有 3 种节点类型：尖突节点、平滑节点和对称节点。节点类型的不同决定了节点控制点的属性也不同，单击属性栏中的按钮可以转换 3 种节点的类型。

尖突节点 ：尖突节点的控制点是独立的，当移动一个控制点时，另外一个控制点并不移动，从而使得通过尖突节点的曲线能够呈现尖突弯曲。

图 3-95   图 3-96

图 3-97

平滑节点 ⚐：平滑节点的控制点之间是相关的，当移动一个控制点时，另外一个控制点也会随之移动，通过平滑节点连接的线段将产生平滑的过渡。

对称节点 ⚐：对称节点的控制点不仅是相关的，而且控制点两侧控制线的长度是相等的，从而使得对称节点两侧曲线的曲率也相等。

◎ 选取并移动节点

绘制一个图形，如图 3-98 所示。选择"形状"工具 ⚐，单击鼠标左键选取节点，如图 3-99 所示。按住鼠标左键拖曳，节点被移动，如图 3-100 所示。释放鼠标左键，图形调整的效果如图 3-101 所示。

图 3-98   图 3-99   图 3-100   图 3-101

使用"形状"工具 ⚐ 选中并拖曳节点上的控制点，如图 3-102 所示。释放鼠标左键，图形调整的效果如图 3-103 所示。

使用"形状"工具 ⚐ 圈选图形上的部分节点，如图 3-104 所示。释放鼠标左键，图形被选中的部分节点如图 3-105 所示。拖曳任意一个被选中的节点，其他被选中的节点也会随之移动。

图 3-102   图 3-103   图 3-104   图 3-105

因为在 CorelDRAW X6 中有 3 种节点类型，所以当移动不同类型节点上的控制点时，图形的形状也会有不同形式的变化。

◎ 增加或删除节点

绘制一个图形，如图 3-106 所示。使用"形状"工具 ，选择需要增加和删除节点的曲线，如图 3-107 所示，在曲线上要增加节点的位置双击，可以在这个位置增加一个节点，效果如图 3-108 所示。

图 3-106　　　　　　　　图 3-107　　　　　　　　图 3-108

单击属性栏中的"添加节点"按钮 ，也可以在曲线上增加节点。

将鼠标指针移至要删除的节点上并双击，如图 3-109 所示，可以删除这个节点，效果如图 3-110 所示。

选中要删除的节点，单击属性栏中的"删除节点"按钮 ，也可以在曲线上删除选中的节点。

图 3-109　　　　　　　　　　图 3-110

如果需要在曲线和图形中删除多个节点，可以先按住 Shift 键，再用鼠标选择要删除的多个节点，选择好后按 Delete 键即可。当然也可以使用圈选的方法选择需要删除的多个节点，选择好后按 Delete 键即可。

◎ 合并和连接节点

使用"形状"工具 圈选两个需要合并的节点，如图 3-111 所示。两个节点被选中，如图 3-112 所示。单击属性栏中的"连接两个节点"按钮 ，合并节点，使曲线成为闭合的曲线，如图 3-113 所示。

使用"形状"工具 圈选两个需要连接的节点，单击属性栏中的"闭合曲线"按钮 ，可以将两个节点以直线连接，使曲线成为闭合的曲线。

图 3-111   图 3-112   图 3-113

◎ 断开节点

在曲线中要断开的节点上单击鼠标左键，选中该节点，如图 3-114 所示。单击属性栏中的"断开曲线"按钮 ，断开节点。选择"选择"工具 ，曲线效果如图 3-115 所示。选择并移动曲线，曲线自节点处被断开，曲线变为两条。

图 3-114   图 3-115

 在绘制图形的过程中有时需要将开放的路径闭合。选择"排列 > 闭合路径"下的各个菜单命令，可以以直线或曲线方式闭合路径。

2. 编辑和修改几何图形

使用矩形、椭圆和多边形工具绘制的图形都是简单的几何图形。这类图形有其特殊的属性，图形上的节点比较少，只能对其进行简单的编辑。如果想对其进行更复杂的编辑，就需要将简单的几何图形转换为曲线。

◎ 使用"转换为曲线"按钮

使用"椭圆形"工具 绘制一个椭圆形，效果如图 3-116 所示。在属性栏中单击"转换为曲线"按钮 ，将椭圆图形转换成曲线图形，在曲线图形上增加了多个节点，如图 3-117 所示。使用"形状"工具 选中并拖曳椭圆形上的节点，如图 3-118 所示。释放鼠标左键，调整后的图形效果如图 3-119 所示。

图 3-116   图 3-117   图 3-118   图 3-119

◎ 使用"转换直线为曲线"按钮 ✐

使用"多边形"工具 ◯ 绘制一个多边形，如图 3-120 所示。选择"形状"工具 ◖，单击需要选中的节点，如图 3-121 所示。单击属性栏中的"转换直线为曲线"按钮 ✐，将直线转换为曲线，在曲线上出现节点，图形的对称性被保持，如图 3-122 所示。使用"形状"工具 ◖ 选中并拖曳节点调整图形，如图 3-123 所示。释放鼠标左键，图形效果如图 3-124 所示。

图 3-120   图 3-121   图 3-122   图 3-123   图 3-124

3.2.5 【实战演练】绘制卡通绵羊

使用矩形工具和填充工具绘制背景效果，使用贝塞尔工具绘制绵羊和降落伞图形，使用直线工具绘制直线，使用文本工具添加文字。（最终效果参看云盘中的"Ch03 > 效果 > 绘制卡通绵羊.cdr"，如图 3-125 所示。）

扫码观看
本案例视频

图 3-125

3.3   绘制布纹装饰画

3.3.1 【案例分析】

本案例是制作一幅装饰画，装饰画并不强调很高的艺术性，但非常讲究与环境的协调和美化效果。在装饰画的绘制上要通过意象的表现形式进行制作。

3.3.2 【设计理念】

在设计绘制过程中，重复的蝴蝶图案营造出梦幻的气氛，明亮的色彩搭配具有炫丽的视觉效果，橙色的暖色调展现生机盎然的景象，整个画面自然和谐，生动且富有变化。（最终效果参看云盘中的"Ch03 > 效果 > 绘制布纹装饰画.cdr"，如图 3-126 所示。）

扫码观看
本案例视频

图 3-126

3.3.3 【操作步骤】

（1）按 Ctrl+N 组合键，新建一个 A4 页面。选择"矩形"工具 ▢，按住 Ctrl 键的同时，在页面适当的位置拖曳光标绘制一个正方形，在属性栏中的"轮廓宽度"设置栏 ≜ .2 mm ▾ 中设置数值为 2mm，在"CMYK 调色板"中的"红"色块上单击鼠标右键，填充图形的轮廓线，效果如图 3-127 所示。

（2）选择"图样填充"工具 ▨，在弹出的"图样填充"对话框中，选中"全色"单选项，单击右侧的按钮，在弹出的面板中选择需要的图标样式，如图 3-128 所示。单击"确定"按钮，填充图形，效果如图 3-129 所示。

图 3-127   图 3-128   图 3-129

（3）选择"选择"工具 ▸，按数字键盘上的+键，复制一个图形。按住 Shift 键的同时，向内拖曳图形右上角的控制手柄到适当的位置，在属性栏中的"轮廓宽度"设置栏 ≜ .2 mm ▾ 中设置数值为 1.5mm，如图 3-130 所示。选择"图样填充"工具 ▨，在弹出的"图样填充"对话框中，选中"全色"单选项，单击右侧的按钮，在弹出的面板中选择需要的图标样式，如图 3-131 所示。单击"确定"按钮，填充图形，效果如图 3-132 所示。

（4）选择"选择"工具 ▸，按数字键盘上的+键，复制一个图形。按住 Shift 键的同时，向内拖曳图形右上角的控制手柄到适当的位置，如图 3-133 所示。在属性栏中的"轮廓宽度"设置栏 ≜ .2 mm ▾ 中设置数值为 1mm，在"CMYK 调色板"中的"深黄"色块上单击鼠标右键，填充图形的轮廓线，效果如图 3-134 所示。

图 3-130   图 3-131   图 3-132

图 3-133   图 3-134

（5）选择"选择"工具 ，在属性栏中单击"扇形角"按钮 ，其他选项的设置如图 3-135 所示。按 Enter 键，扇形角效果如图 3-136 所示。

图 3-135

图 3-136

（6）选择"图样填充"工具 ，弹出"图样填充"对话框，选中"全色"单选项，单击右侧的按钮 ，在弹出的面板中选择需要的图标样式，如图 3-137 所示。单击"确定"按钮，填充图形，效果如图 3-138 所示。

（7）选择"轮廓图"工具 ，在图形上向外拖曳光标，为图形添加轮廓化效果。在属性栏中将"填充色"选项设置为绿色，其他选项的设置如图 3-139 所示。按 Enter 键确认操作，效果如图 3-140 所示。单击页面空白处，取消图形的选取状态。布纹图案绘制完成，效果如图 3-141 所示。

图 3-137

图 3-138

图 3-139

图 3-140

图 3-141

3.3.4 【相关工具】

1．图样填充

选择"填充"工具◇展开式工具栏中的"图样填充"工具▧，弹出"图样填充"对话框，在对话框中有"双色""全色"和"位图"3 种图样填充方式的选项，如图 3-142 所示。

双色

全色

位图

图 3-142

双色：用两种颜色构成的图案来填充，也就是通过设置前景色和背景色的颜色来填充。

全色：图案由矢量和线描样式图像来生成。

位图：使用位图图片进行填充。

"浏览"按钮：可载入已有图片。

"创建"按钮：弹出"双色图案编辑器"对话框，单击鼠标左键绘制图案。

"大小"选项组：用来设置平铺图案的尺寸大小。

"变换"选项组：用来使图案产生倾斜或旋转变化。

"行或列位移"选项组：用来使填充图案的行或列产生位移。

2. 底纹填充

底纹填充是随机产生的填充，它使用小块的位图填充图形，可以给图形一个自然的外观。底纹填充只能使用 RGB 颜色，所以在打印输出时可能会与屏幕显示的颜色有差别。

选择"填充"工具 ，展开式工具栏中的"底纹填充"工具 ，弹出"底纹填充"对话框。

在对话框中，CorelDRAW X6 的底纹库提供了多个样本组和几百种预设的底纹填充图案，如图 3-143 所示。

在对话框的"底纹库"下拉列表中可以选择不同的样本组。CorelDRAW X6 底纹库提供了 7 个样本组。选择样本组后，在下面的"底纹列表"中，显示出样本组中的多个底纹的名称，单击选中一个底纹样式，下面的"预览"框中显示出底纹的效果。

绘制一个图形，在"底纹列表"中选择需要的底纹效果，单击"确定"按钮，可以将底纹填充到图形对象中。几个填充不同底纹的图形效果如图 3-144 所示。

图 3-143

图 3-144

在"底纹填充"对话框中更改参数可以制作出新的底纹效果。选择一个底纹样式名称，在"纸面"设置区中就包含了对应于当前底纹样式的所有参数。选择不同的底纹样式会有不同的参数内容。在每个参数选项的后面都有一个 按钮，单击它可以锁定或解锁每个参数选项。当单击"预览"按钮时，解锁的每个参数选项会随机发生变化，同时会使底纹图案发生变化。每单击一次"预览"按钮，就会产生一个新的底纹图案，效果如图 3-145 所示。

在每个参数选项中输入新的数值，可以产生新的底纹图案。设置好后，可以单击 按钮锁定参数。

制作好一个底纹图案后，可以进行保存。单击"底纹库"选项右侧的 按钮，弹出"保存底纹为"对话框，如图 3-146 所示。在"底纹名称"文本框中输入名称，在"库名称"选项中指定样本组，设置好参数后，单击"确定"按钮，将制作好的底纹图案保存。需要使用时可以直接在"底纹库"中调用。

图 3-145   图 3-146

　　在"底纹库"的样式组中选中要删除的底纹图案，单击"底纹库"选项右侧的 ▬ 按钮，弹出"删除底纹"提示框，如图 3-147 所示，单击"确定"按钮，将选中的底纹图案删除。

　　在"底纹填充"对话框中，单击"选项"按钮，弹出"底纹选项"对话框，如图 3-148 所示。

图 3-147   图 3-148

　　在对话框的"位图分辨率"选项中可以设置位图分辨率的大小。

　　在"底纹尺寸限度"设置区中可以设置"最大平铺宽度"的大小。"最大位图尺寸"将根据位图分辨率和最大平铺宽度的大小，由软件本身计算出来。

　　位图分辨率和最大平铺宽度越大，底纹所占用的系统内存就越多，填充的底纹图案就越精细。最大位图尺寸值越大，底纹填充所占用的系统资源就越多。

　　在"底纹填充"对话框中，单击"平铺"按钮，弹出"平铺"对话框，如图 3-149 所示。在对话框中可以设置底纹的"原始""大小""变换"和"行或列位移"选项，也可以选择"将填充与对象一起变换"复选框和"镜像填充"复选框。

　　选择"交互式填充"工具 ◈，弹出其属性栏，选择"底纹填充"选项，单击属性栏中的"填充"下拉式图标 ▩ ▾，在弹出的"填充底纹"下拉列表中也可以选择底纹填充的样式，如图 3-150 所示。

　　　　底纹填充会增加文件的大小，并使操作的时间增加，在对大型的图形对象使用底纹填充时要慎重。

图 3-149　　　　　　　　　　　　　　　　图 3-150

3．PostScript 填充

　　PostScript 填充是利用 PostScript 语言设计出来的一种特殊的图案填充方式。PostScript 图案是一种特殊的图案，只有在"增强"视图模式下，PostScript 填充的底纹才能显示出来。下面介绍 PostScript 填充的方法和技巧。

　　选择"填充"工具 ♦ 展开式工具栏中的"PostScript 填充"工具 ，弹出"PostScript 底纹"对话框，在对话框中，CorelDRAW X6 提供了多个 PostScript 底纹图案，如图 3-151 所示。

　　在对话框中选中"预览填充"复选框，则不需要打印就可以看到 PostScript 底纹的效果。在左上方的列表框中提供了多个 PostScript 底纹，选择一个 PostScript 底纹，在下面的"参数"设置区中会出现所选 PostScript 底纹的参数。不同的 PostScript 底纹会有相对应的不同参数。

　　在"参数"设置区的各个选项中输入需要的数值，可以改变选择的 PostScript 底纹，产生新的 PostScript 底纹效果，如图 3-152 所示。

　　选择"交互式填充"工具 ♦ ，弹出其属性栏，选择"PostScript 填充"选项，在属性栏中可以选择多种 PostScript 底纹填充的样式对图形对象进行填充，如图 3-153 所示。

图 3-151　　　　　　　　　　　图 3-152　　　　　　　　　　　图 3-153

3.3.5　【实战演练】制作城市印象海报

　　使用底纹填充工具制作背景效果，使用贝塞尔工具和渐变填充工具绘制装饰图形，使用文本工具添加文字。（最终效果参看云盘中的"Ch03 > 效果 > 制作城市印象海报.cdr"，如图 3-154 所示。）

扫码观看
本案例视频

图 3-154

3.4　综合演练——绘制酒吧插画

3.4.1　【案例分析】

本案例是为某酒吧绘制插画。插画是一种艺术形式，作为现代设计的一种重要的视觉传达形式，以其直观的形象性、真实的生活感和美的感染力，在现代设计中占有特定的地位。设计要求符合酒吧的氛围，适合年轻人的审美眼光，有趣味感。

3.4.2　【设计理念】

在设计制作过程中，以黄色渐变色作为背景，图案以酒吧的各类产品为主，酒瓶、酒杯、乐器在画面中清晰可见，展现出酒吧丰富的娱乐活动；使用鲜艳明亮的色彩拉近与受众的距离，给人喧闹、多姿的印象；丰富的用色，鲜明的色彩对比，在吸引人们注意力的同时，增强了画面的层次感。

3.4.3　【知识要点】

使用贝塞尔工具和椭圆形工具制作背景效果，使用文本工具添加文字，使用形状工具调整文字的字间距。（最终效果参看云盘中的"Ch03 > 效果 > 绘制酒吧插画.cdr"，如图 3-155 所示。）

图 3-155

扫码观看
本案例视频（1）

扫码观看
本案例视频（2）

3.5　综合演练——绘制风景插画

3.5.1　【案例分析】

本案例是为故事图书绘制插画，插画设计要求符合故事内容，具有童话般的奇妙效果，并且充满戏剧性。

3.5.2　【设计理念】

在设计制作过程中，使用夸张的圆形拱坡、活泼丰富的图案展现出独具特色的插画效果，在突出主体的同时，加深人们对插画的印象；山顶的树木和整幅图形成鲜明的对比，形成滑稽可爱的视觉效果，给人亲近感；亮丽的画面与蓝色的背景形成对比，增强了画面的层次感，使整幅插画具有戏剧效果，让人观之心情愉快。

3.5.3　【知识要点】

使用矩形工具、贝塞尔工具和渐变填充工具绘制背景效果，使用贝塞尔工具、椭圆形工具和底纹填充工具绘制装饰图形，使用椭圆形工具、贝塞尔工具和合并命令绘制树木图形。（最终效果参看云盘中的"Ch03 > 效果 > 绘制风景插画.cdr"，如图 3-156 所示。）

扫码观看
本案例视频

图 3-156

04

第 4 章
图书装帧设计

精美的图书装帧设计可以使读者享受到阅读的愉悦。图书装帧整体设计所考虑的项目包括开本设计、封面设计、版本设计、材料使用等内容。本章以多个类别的图书封面为例，介绍图书封面的设计方法和制作技巧。

课堂学习目标

- ✔ 了解图书装帧设计的概念
- ✔ 了解图书装帧的主体设计要素
- ✔ 掌握图书封面的设计思路和过程
- ✔ 掌握图书封面的制作方法和技巧

4.1 制作旅行英语图书封面

4.1.1 【案例分析】

本案例是一本旅行攻略类图书的封面设计。世界各地每天都出版很多图书，封面的表现对于图书来说非常重要。设计要求结构简单并体现出国外旅游的特点。

4.1.2 【设计理念】

在设计过程中，背景效果使用蓝色渐变图形和景色照片相互呼应，展现出国外旅行独特的魅力。使用简单的文字变化，使读者的视线都集中在书名上，达到宣传的效果；在封底和书脊的设计上使用文字和图形组合的方式，增加对读者的吸引力，增强读者的购书欲望。（最终效果参看云盘中的"Ch04 > 效果 > 制作旅行英语图书封面.cdr"，如图 4-1 所示。）

图 4-1

4.1.3 【操作步骤】

1. 制作背景

（1）按 Ctrl+N 组合键，新建一个页面。在属性栏的"页面度量"选项中分别设置宽度为 348mm、高度为 239mm，按 Enter 键，页面尺寸显示为设置的大小。

（2）按 Ctrl+J 组合键，弹出"选项"对话框，选择"文档/页面尺寸"选项，在出血框中设置数值为 3，如图 4-2 所示，单击"确定"按钮，效果如图 4-3 所示。

扫码观看
本案例视频（1）

图 4-2

图 4-3

（3）选择"视图 > 标尺"命令，在视图中显示标尺。选择"选择"工具，在页面中拖曳一条垂直辅助线，在属性栏中将"X 位置"选项设为 169mm，按 Enter 键；用相同的方法，在 179mm

的位置上添加一条垂直辅助线，在页面空白处单击鼠标，页面效果如图 4-4 所示。

（4）选择"矩形"工具 □，绘制一个矩形，如图 4-5 所示。

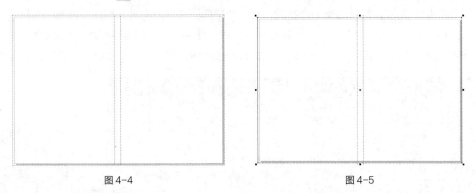

图 4-4　　　　　　　　　　　　　　　图 4-5

（5）按 F11 键，弹出"渐变填充"对话框。单击"双色"单选钮，将"从"选项颜色的 CMYK 值设置为白色，"到"选项颜色的 CMYK 值设置为 77、22、0、0，其他选项的设置如图 4-6 所示。单击"确定"按钮，填充图形，并去除图形的轮廓线，效果如图 4-7 所示。

图 4-6　　　　　　　　　　　　　　　图 4-7

（6）选择"贝塞尔"工具 ✎，在适当的位置绘制一条曲线，如图 4-8 所示。按 F12 键，弹出"轮廓笔"对话框，在"颜色"选项中设置轮廓线颜色为"白"，其他选项的设置如图 4-9 所示；单击"确定"按钮，效果如图 4-10 所示。

图 4-8　　　　　　　　　图 4-9　　　　　　　　图 4-10

（7）选择"矩形"工具 ，绘制一个矩形，如图 4-11 所示。按 Ctrl+I 组合键，弹出"导入"对话框，选择云盘中的"Ch04 > 素材 > 制作旅行英语图书封面 > 01"文件，单击"导入"按钮，在页面中单击导入图片，将其拖曳到适当的位置，效果如图 4-12 所示。选择"选择"工具 ，选取图片，按 Shift+PageDown 组合键，将其后移。选择"效果 > 图框精确剪裁 > 置于图文框内部"命令，鼠标光标变为黑色箭头，在矩形框上单击，将图片置入矩形框中，如图 4-13 所示。

图 4-11   图 4-12   图 4-13

（8）使用相同的方法置入其他图像，效果如图 4-14 所示。选择"选择"工具 ，选取需要的图形，按数字键盘上的+键，复制一组图形，并将其拖曳到适当的位置，如图 4-15 所示。

图 4-14   图 4-15

（9）按 Ctrl+I 组合键，弹出"导入"对话框，选择云盘中的"Ch04 > 素材 > 制作旅行英语图书封面 > 01"文件，单击"导入"按钮，在页面中单击导入图片，将其拖曳到适当的位置，效果如图 4-16 所示。单击属性栏中的"水平镜像"按钮 ，将图片水平翻转，效果如图 4-17 所示。

图 4-16   图 4-17

（10）选择"选择"工具 ▯，选择"位图 > 模糊 > 高斯式模糊"命令，在弹出的对话框中进行设置，如图 4-18 所示。单击"确定"按钮，效果如图 4-19 所示。

图 4-18　　　　　　　　　　　　　　　　图 4-19

（11）选择"透明度"工具 ▯，在图片中从左下角向右上角拖曳光标，为图片添加透明效果，在属性栏中的设置如图 4-20 所示。按 Enter 键，效果如图 4-21 所示。

图 4-20　　　　　　　　　　　　　　　　图 4-21

2. 制作封面

（1）选择"文本"工具 字，在页面中分别输入需要的文字，选择"选择"工具 ▯，在属性栏中选取适当的字体并设置文字大小，如图 4-22 所示。选取下方的文字，填充文字为白色，效果如图 4-23 所示。单击鼠标左键使其处于旋转状态，向右拖曳上方中间的控制手柄到适当的位置，释放鼠标左键，文字倾斜效果如图 4-24 所示。

扫码观看
本案例视频（2）

彩图实景旅游英语
Tourism English

图 4-23

彩图实景旅游英语
Tourism English

图 4-22　　　　　　　　　　　　　　　　图 4-24

（2）选择"文本"工具 字，在页面中分别输入需要的文字，选择"选择"工具 ▯，在属性栏中选取适当的字体并设置文字大小，如图 4-25 所示。选取需要的文字，设置文字填充色的 CMYK 值为 0、75、100、0，填充文字，效果如图 4-26 所示。

图 4-25　　　　　　　　　　　　　　　　　　图 4-26

（3）选择"选择"工具 ，选取需要的文字，单击鼠标左键使其处于旋转状态，拖曳右上角的控制手柄到适当的位置，释放鼠标左键，文字旋转效果如图 4-27 所示。

（4）选择"轮廓图"工具 ，在属性栏中单击"外部轮廓"按钮 ，将"填充色"选项设为白色，其他的设置如图 4-28 所示，在文字左下角的节点上单击鼠标，拖曳光标至需要的位置，如图 4-29 所示。

图 4-27　　　　　　　　　　　　图 4-28　　　　　　　　　　　　图 4-29

（5）使用相同的方法制作其他文字描边效果，如图 4-30 所示。按 Ctrl+I 组合键，弹出"导入"对话框，选择云盘中的"Ch04 > 素材 > 制作旅行英语图书封面 > 10、11"文件，单击"导入"按钮，分别在页面中单击导入图片，将其拖曳到适当的位置，效果如图 4-31 所示。

图 4-30　　　　　　　　　　　　　　　　　图 4-31

（6）选择"文本"工具 ，在页面中分别输入需要的文字，选择"选择"工具 ，在属性栏中选取适当的字体并设置文字大小，如图 4-32 所示。选取上方的文字，在"CMYK 调色板"中的"红"色块上单击鼠标左键，填充文字，如图 4-33 所示。

（7）选择"椭圆形"工具 ，按住 Ctrl 键的同时，在适当的位置拖曳光标绘制一个圆形，在"CMYK 调色板"中的"红"色块上单击鼠标，填充图形，并去除图形的轮廓线，如图 4-34 所示。

图 4-32

图 4-33

图 4-34

（8）选择"选择"工具 ，选取圆形，按数字键盘上的+键，复制图形。按住 Shift 键的同时，拖曳右上角的控制手柄到适当的位置，等比例放大图形，在"CMYK 调色板"中的"红"色块上单击鼠标右键，填充轮廓线，在"无填充"按钮 上单击鼠标，去除圆形填充色，在属性栏中的"轮廓宽度"设置栏 .2 mm 中设置数值为 0.3mm，效果如图 4-35 所示。按数字键盘上的+键，复制图形。按住 Shift 键的同时，拖曳右上角的控制手柄到适当的位置，等比例放大图形。在属性栏中的"轮廓宽度"设置栏 .2 mm 中设置数值为 0.6mm，效果如图 4-36 所示。

（9）选择"文本"工具 ，在页面中输入需要的文字。选择"选择"工具 ，在属性栏中选取适当的字体并设置文字大小，在"CMYK 调色板"中的"红"色块上单击鼠标，填充文字，效果如图 4-37 所示。

图 4-35

图 4-36

图 4-37

（10）选择"选择"工具 ，选取需要的文字，选择"形状"工具 ，按住鼠标左键不放并向右拖曳文字下方的 图标调整字距，释放鼠标后，效果如图 4-38 所示。选择"文本 > 使文本适合路径"命令，将文字拖曳到路径上，文本绕路径排列，单击鼠标左键，文字效果如图 4-39 所示。

图 4-38

图 4-39

（11）使用相同的方法制作其他文字效果，如图 4-40 所示。

（12）选择"文本"工具 ，在页面中分别输入需要的文字。选择"选择"工具 ，在属性栏中选取适当的字体并设置文字大小，填充文字为白色，效果如图 4-41 所示。

图 4-40   图 4-41

3. 制作书脊和封底

（1）选择"文本"工具 字，在页面中分别输入需要的文字，选择"选择"工具 ，在属性栏中选取适当的字体并设置文字大小，单击"将文本更改为垂直方向"按钮 ，更改文字方向，如图 4-42 所示。选取中间的文字，设置文字填充颜色的 CMYK 值为 0、75、100、0，填充文字，效果如图 4-43 所示。

扫码观看
本案例视频（3）

图 4-42   图 4-43

（2）选择"轮廓图"工具 ，在属性栏中单击"外部轮廓"按钮 ，将"填充色"选项设为白色，其他的设置如图 4-44 所示，在文字左下角的节点上单击鼠标，拖曳光标至需要的位置，效果如图 4-45 所示。

（3）选择"选择"工具 ，选取需要的图片，按数字键盘上的+键，复制图片。按住 Shift 键的同时，拖曳右上角的控制手柄到适当的位置，向中心等比例缩小图形，并将其拖曳到适当的位置，效果如图 4-46 所示。

图 4-44   图 4-45   图 4-46

（4）选择"矩形"工具□，绘制一个矩形，设置图形填充颜色的 CMYK 值为 0、75、100、0，填充图形，并去除图形的轮廓线，如图 4-47 所示。在属性栏中将"圆角半径"选项均设为 10，按 Enter 键，圆角矩形的效果如图 4-48 所示。

图 4-47   图 4-48

（5）使用相同的方法，制作其他图形效果，如图 4-49 所示。

（6）选择"文本"工具字，在页面中输入需要的文字。选择"选择"工具，在属性栏中选取适当的字体并设置文字大小，填充文字为白色，效果如图 4-50 所示。选取需要的文字，选择"形状"工具，按住鼠标左键不放并向右拖曳文字下方的图标调整字距，松开鼠标后，效果如图 4-51 所示。

图 4-49   图 4-50   图 4-51

（7）选择"矩形"工具□，绘制一个矩形，填充图形为白色，并去除图形的轮廓线，如图 4-52 所示。

（8）选择"对象 > 插入条码"命令，在弹出的对话框进行设置，如图 4-53 所示，单击"下一步"按钮，切换到相应的对话框，设置如图 4-54 所示，单击"下一步"按钮，切换到相应的对话框，设置如图 4-55 所示，单击"完成"按钮，插入条码，并将其拖曳到适当的位置，效果如图 4-56 所示。

图 4-52   图 4-53

图 4-54

图 4-55

图 4-56

（9）选择"文本"工具 字，在页面中分别输入需要的文字，选择"选择"工具 ，在属性栏中选取适当的字体并设置文字大小，如图 4-57 所示。选取右侧的文字，在属性栏中单击"将文本更改为垂直方向"按钮 ，更改文字方向，效果如图 4-58 所示。旅行英语图书封面制作完成，效果如图 4-59 所示。

图 4-57

图 4-58

图 4-59

4.1.4 【相关工具】

1. 创建文本

CorelDRAW X6 中的文本工具有两种类型，分别是美术字文本和段落文本。它们在使用方法、应用编辑格式、应用特殊效果等方面有很大的区别。

◎ 输入美术字文本

选择"文本"工具 字，在绘图页面中单击，出现"I"形插入文本光标，这时属性栏显示为"属性栏：文本"。选择字体，设置字号和字符属性，如图 4-60 所示。设置好后，直接输入美术字文本，效果如图 4-61 所示。

图 4-60

图 4-61

◎ 输入段落文本

选择"文本"工具 字，在绘图页面中按住鼠标左键不放，沿对角线拖曳鼠标，出现一个矩形的文本框，释放鼠标左键，文本框如图 4-62 所示。在"文本"属性栏中选择字体，设置字号和字符属性，如图 4-63 所示。设置好后，直接在虚线框中输入段落文本，效果如图 4-64 所示。

| 图 4-62 | 图 4-63 | 图 4-64 |

 利用剪切、复制和粘贴命令，可以将其他文本处理软件，如 Office 软件中的文本复制到 CorelDRAW X6 的文本框中。

◎ 转换文本模式

使用"选择"工具 ↖ 选中美术字文本，如图 4-65 所示。选择"文本 > 转换到段落文本"命令，或按 Ctrl+F8 组合键，可以将其转换到段落文本，如图 4-66 所示。再次按 Ctrl+F8 组合键，可以将其转换回美术字文本，如图 4-67 所示。

| 图 4-65 | 图 4-66 | 图 4-67 |

 当美术字文本转换成段落文本后，它就不是图形对象了，也就不能再进行特殊效果的操作。当段落文本转换成美术字文本后，它会失去段落文本的格式。

2．导入位图

选择"文件 > 导入"命令，或按 Ctrl+I 组合键，弹出"导入"对话框，在对话框中的"查找范围"列表框中选择需要的文件夹，在文件夹中选中需要的位图文件，如图 4-68 所示。

选中需要的位图文件后，单击"导入"按钮，鼠标的光标变为 ⌐01.jpg 状，如图 4-69 所示。在绘图页面中单击鼠标左键，位图被导入绘图页面中，如图 4-70 所示。

图 4-68

图 4-69

图 4-70

3. 转换为位图

CorelDRAW X6 提供了将矢量图形转换为位图的功能。下面介绍

具体的操作方法。

打开一个矢量图形并保持其选取状态，选择"位图 > 转换为位图"命令，弹出"转换为位图"对话框，如图 4-71 所示。

分辨率：在弹出的下拉列表中选择要转换为位图的分辨率。

颜色模式：在弹出的下拉列表中选择要转换的色彩模式。

光滑处理：可以在转换成位图后消除位图的锯齿。

图 4-71

透明背景：可以在转换成位图后保留原对象的通透性。

4. 调整位图的颜色

CorelDRAW X6 可以对导入的位图进行颜色的调整，下面介绍具体的操作方法。

选中导入的位图，选择"效果 > 调整"子菜单下的命令，如图 4-72 所示，在弹出的对话框中可以对位图的颜色进行各种方式的调整。

选择"效果 > 变换"子菜单下的命令，如图 4-73 所示，在弹出的对话框中也可以对位图的颜色进行调整。

图 4-72

图 4-73

5. 位图色彩模式

位图导入后，选择"位图 > 模式"子菜单下的各种色彩模式，可以转换位图的色彩模式，如图 4-74 所示。不同的色彩模式会以不同的方式对位图的颜色进行分类和显示。

◎ 黑白模式

选中导入的位图，选择"位图 > 模式 > 黑白"命令，弹出"转换为 1 位"对话框，如图 4-75 所示。

在对话框上方的导入位图预览框上单击鼠标左键，可以放大预览图像；单击鼠标右键，可以缩小预览图像。

在对话框的"转换方法"列表框上单击鼠标，弹出下拉列表，可以在下拉列表中选择其他转换方法。拖曳"选项"设置区中的"强度"滑块，可以设置转换的强度。

图 4-74

图 4-75

在"转换方法"下拉列表中选择不同的转换方法，可以使黑白位图产生不同的效果。设置完毕，单击"预览"按钮，可以预览设置的效果。单击"确定"按钮，各种效果如图 4-76 所示。

（a）原图效果 　　（b）线条图 　　（c）顺序 　　（d）Jarvis

（e）Stucki 　　（f）Floyd-Steinberg 　　（g）半色调 　　（h）基数分布

图 4-76

知识提示 "黑白"模式只能用 1bit 的位分辨率来记录它的每一个像素，而且只能显示黑白两色，所以是最简单的位图模式。

◎ 灰度模式

选中导入的位图，如图 4-77 所示。选择"位图 > 模式 > 灰度"命令，位图将转换为 256 灰度模式，如图 4-78 所示。

图 4-77   图 4-78

位图转换为 256 灰度模式后，效果和黑白照片的效果类似，位图被不同灰度填充并失去了所有的颜色。

◎ 双色模式

选中导入的位图，如图 4-79 所示。选择"位图 > 模式 > 双色"命令，弹出"双色调"对话框，如图 4-80 所示。

在对话框的"类型"列表框上单击，弹出下拉列表，可以在下拉列表中选择其他色调模式。

图 4-79   图 4-80

单击"保存"按钮，在弹出的对话框中可以将设置好的双色调效果保存。单击"装入"按钮，在弹出的对话框中可以将已保存的双色调效果载入。

拖曳右侧显示框中的曲线，可以设置双色调的色阶变化。

在双色调的色标 PANTONE Process Yellow C 上双击，如图 4-81 所示，弹出"选择颜色"对话框。在"选择颜色"对话框中选择要替换的颜色，如图 4-82 所示。单击"确定"按钮，将双色调的颜色替换，如图 4-83 所示。

设置完毕，单击"预览"按钮，可以预览双色调设置的效果；单击"确定"按钮，双色调位图的效果如图 4-84 所示。

图 4-81

图 4-82

图 4-83

图 4-84

4.1.5 【实战演练】制作文学图书封面

使用矩形工具和阴影工具制作标题文字的底图，使用文字工具和形状工具制作书名，使用矩形工具和星形工具绘制装饰图形，使用文字工具和段落格式化面板添加封底文字。（最终效果参看云盘中的"Ch04 > 效果 > 制作文学图书封面.cdr"，如图 4-85 所示。）

图 4-85

扫码观看
本案例视频（1）

扫码观看
本案例视频（2）

扫码观看
本案例视频（3）

4.2　制作古物鉴赏图书封面

4.2.1 【案例分析】

本案例是一本鉴赏类图书的封面设计。书中对古代物品进行了详细的讲解。在封面设计上要通过对书名的设计和古物图片的编排，彰显出古物的独特魅力。

4.2.2 【设计理念】

在设计过程中，背景效果使用传统的花纹图形和古物图片，二者相互呼应，展现出古物独特的魅力。

使用简单的文字变化，使读者的视线都集中在书名上，达到宣传的效果。在封底和书脊的设计上使用文字和图形组合的方式，增加读者对古物鉴赏的兴趣，增强读者的购书欲望。（最终效果参看云盘中的"Ch04 > 效果 > 制作古物鉴赏图书封面.cdr"，如图 4-86 所示。）

图 4-86

4.2.3 【操作步骤】

1. 制作背景

（1）按 Ctrl+N 组合键，新建一个 A4 页面。在属性栏的"页面度量"选项中分别设置宽度为 434mm、高度为 260mm，按 Enter 键，页面尺寸显示为设置的大小。

扫码观看
本案例视频（1）

（2）选择"视图 > 标尺"命令，在视图中显示标尺。选择"选择"工具，在页面中拖曳一条垂直辅助线，在属性栏中将"X 位置"选项设为 202mm，按 Enter 键；用相同的方法，在 232mm 的位置添加一条垂直辅助线，在页面空白处单击鼠标左键，页面效果如图 4-87 所示。

（3）选择"矩形"工具，在页面右侧绘制一个矩形。设置图形填充颜色的 CMYK 值为 24、25、45、10，填充图形，并去除图形的轮廓线，效果如图 4-88 所示。

图 4-87   图 4-88

（4）选择"矩形"工具，在页面中绘制一个矩形。设置图形填充颜色的 CMYK 值为 4、7、20、0，填充图形并去除图形的轮廓线，效果如图 4-89 所示。

（5）选择"矩形"工具，在页面中再绘制一个矩形。设置图形填充颜色的 CMYK 值为 9、12、31、0，填充图形，并去除图形的轮廓线，效果如图 4-90 所示。

图 4-89　　　　　　　　　　　　　图 4-90

（6）选择"选择"工具，选取右侧的矩形，按数字键盘上的+键，复制图形，如图 4-91 所示。选择"图样填充"工具，弹出"图样填充"对话框，选择"全色"单选项，单击图案右侧的按钮，在弹出的面板中选择需要的图样，如图 4-92 所示。将"大小"选项组中的"宽度"和"高度"选项均设为 50mm，单击"确定"按钮，效果如图 4-93 所示。

图 4-91　　　　　　　　图 4-92　　　　　　　　图 4-93

（7）选择"透明度"工具，在属性栏中的"透明度类型"选项中选择"标准"，其他选项的设置如图 4-94 所示，按 Enter 键，效果如图 4-95 所示。

图 4-94　　　　　　　　图 4-95

（8）选择"选择"工具，选取透明图形，按数字键盘上的+键，复制图形，并将其拖曳到适当的位置，效果如图 4-96 所示。选择"透明度"工具，在属性栏中将"透明度操作"选项设为"亮度"，如图 4-97 所示，按 Enter 键，效果如图 4-98 所示。

图 4-96　　　　　　　　　　图 4-97　　　　　　　　　　图 4-98

2. 制作封面

（1）选择"矩形"工具▢，在页面右侧绘制一个矩形。设置图形填充颜色的
CMYK 值为 60、79、89、45，填充图形，并去除图形的轮廓线，效果如图 4-99
所示。

（2）选择"多边形"工具◯，在属性栏中的"点数或边数"设置栏⬡ 5中
设置数值为 8，在页面中绘制图形，填充与矩形相同的颜色，去除图形的轮廓线，
效果如图 4-100 所示。在属性栏中的"旋转角度"设置栏↻ .0中设置数值为
22.5，按 Enter 键，拖曳图形到适当的位置，效果如图 4-101 所示。

扫码观看
本案例视频（2）

图 4-99　　　　　　　　图 4-100　　　　　　　　图 4-101

（3）选择"选择"工具▸，选取多边形，按数字键盘上的+键，复制图形，等比例缩小图形，填
充图形为白色，并填充轮廓线为黑色，效果如图 4-102 所示。选择"矩形"工具▢，在适当的位置
绘制一个矩形，填充图形为黑色，如图 4-103 所示。

图 4-102　　　　　　　　图 4-103

（4）选择"效果 > 图框精确剪裁 > 置于图文框内部"命令，鼠标指针变为黑色箭头，在白色
多边形上单击鼠标左键，如图 4-104 所示，将黑色矩形置入白色多边形中，效果如图 4-105 所示。

图 4-104　　　　　　　　　　图 4-105

（5）按 Ctrl+I 组合键，弹出"导入"对话框。选择云盘中的"Ch04 > 素材 > 制作古物鉴赏图书封面 > 01"文件，单击"导入"按钮。在页面中单击导入的图片，拖曳图片到适当的位置，如图 4-106 所示。

（6）选择"贝塞尔"工具，绘制一个图形，设置图形填充颜色的 CMYK 值为 61、56、85、13，填充图形并去除图形的轮廓线，效果如图 4-107 所示。

图 4-106　　　　　　　　　　图 4-107

（7）按 Ctrl+I 组合键，弹出"导入"对话框。选择云盘中的"Ch04 > 素材 > 制作古物鉴赏图书封面 > 02"文件，单击"导入"按钮。在页面中单击导入的图片，拖曳图片到适当的位置，如图 4-108 所示。按 Ctrl+PgDn 组合键将其后移一位，如图 4-109 所示。

图 4-108　　　　　　　　　　图 4-109

（8）选择"效果 > 图框精确剪裁 > 置于图文框内部"命令，鼠标指针变为黑色箭头，在刚绘制的图形上单击鼠标左键，如图 4-110 所示，将图片置入绘制的图形中，效果如图 4-111 所示。

（9）选择"选择"工具，按数字键盘上的+键，复制图形，单击属性栏中的"垂直镜像"按钮，垂直翻转复制的图像，如图 4-112 所示。按住 Shift 键的同时，将其垂直向上拖曳到适当的位置，如图 4-113 所示。使用复制和镜像命令制作出另外两个效果，如图 4-114 所示。

图 4-110　　　　　　　　　　　　　　图 4-111

图 4-112　　　　　　　图 4-113　　　　　　　图 4-114

（10）选择"椭圆形"工具 ，按住 Ctrl 键的同时，在适当的位置绘制圆形，填充圆形为白色，设置圆形轮廓色的 CMYK 值为 60、79、89、45，填充图形轮廓线。在属性栏中的"轮廓宽度"设置栏 中设置数值为 3mm，按 Enter 键，效果如图 4-115 所示。

（11）按 Ctrl+I 组合键，弹出"导入"对话框。选择云盘中的"Ch04 > 素材 > 制作古物鉴赏图书封面 > 03"文件，单击"导入"按钮。在页面中单击导入的图片，拖曳图片到适当的位置，如图 4-116 所示。按 Ctrl+PageDown 组合键将其后移一位，如图 4-117 所示。选择"效果 > 图框精确剪裁 > 置于图文框内部"命令，鼠标指针变为黑色箭头，在圆形上单击，将图片置入绘制的圆形中，效果如图 4-118 所示。

图 4-115　　　　　　　图 4-116　　　　　　　图 4-117　　　　　　　图 4-118

（12）按 Ctrl+I 组合键，弹出"导入"对话框。选择云盘中的"Ch04 > 素材 > 制作古物鉴赏图书封面 > 04"文件，单击"导入"按钮。在页面中单击导入的图片，拖曳图片到适当的位置，如图 4-119 所示。

（13）选择"阴影"工具█，在图片上由下方向右上方拖曳鼠标光标，添加阴影效果。在属性栏中进行设置，如图 4-120 所示。按 Enter 键，效果如图 4-121 所示。

图 4-119　　　　　　　　　　　　　图 4-120　　　　　　　　　　　　　图 4-121

（14）选择"文本"工具字，在适当的位置分别输入需要的文字。选择"选择"工具█，分别在属性栏中选择合适的字体并设置适当的文字大小。设置文字颜色的 CMYK 值为 60、79、89、55，填充文字，如图 4-122 所示。

（15）选择"文本"工具字，选取文字"信是金"。选择"文本 ＞ 文本属性"命令，在弹出的"文本属性"面板中将"字符间距"选项设为 74%，效果如图 4-123 所示。用相同的方法输入其他文字，如图 4-124 所示。

图 4-122　　　　　　　　　　　　　图 4-123　　　　　　　　　　　　　图 4-124

（16）选择"文本"工具字，在适当的位置拖曳鼠标，创建文本框，输入需要的文字。选择"选择"工具█，在属性栏中选择合适的字体并设置适当的文字大小，如图 4-125 所示。在"文本属性"面板中进行设置，如图 4-126 所示。按 Enter 键，文字效果如图 4-127 所示。

图 4-125　　　　　　　　　　　　　图 4-126　　　　　　　　　　　　　图 4-127

（17）选择"文本"工具字，在适当的位置分别输入需要的文字。选择"选择"工具█，分别在属性栏中选择合适的字体并设置适当的文字大小。分别设置文字颜色的 CMYK 值为（24、25、45、

0）与（67、93、92、32），填充文字，效果如图 4-128 所示。

（18）选择"椭圆形"工具 ⊙，按住 Ctrl 键的同时，在适当的位置绘制圆形，设置圆形轮廓色的 CMYK 值为 66、83、93、31，填充轮廓线。在属性栏中的"轮廓宽度"设置栏 ⌀ .2 mm ▾ 中设置数值为 0.5mm，按 Enter 键，效果如图 4-129 所示。选择"选择"工具 ▨，按数字键盘上的+键，复制图形，并等比例缩小图形，效果如图 4-130 所示。

图 4-128　　　　　　　　　　　　　图 4-129　　　　　　　　图 4-130

3. 制作封底和书脊

（1）按 Ctrl+I 组合键，弹出"导入"对话框。选择云盘中的"Ch04 > 素材 > 制作古物鉴赏图书封面 > 04"文件，单击"导入"按钮。在页面中单击导入的图片，调整图片的大小和位置，效果如图 4-131 所示。

（2）选择"透明度"工具 ▧，在属性栏的"透明度类型"选项中选择"标准"，其他选项的设置如图 4-132 所示。按 Enter 键，效果如图 4-133 所示。

扫码观看
本案例视频（3）

图 4-131　　　　　　　　　图 4-132　　　　　　　　图 4-133

（3）再次导入"04"文件，并将其拖曳到适当的位置，效果如图 4-134 所示。选择"选择"工具 ▨，选取右侧封面中需要的文字，按数字键盘上的+键，复制文字，并将其拖曳到封底适当的位置，如图 4-135 所示。

（4）选择"文本"工具 字，在适当的位置拖曳鼠标，创建文本框，输入需要的文字。选择"选择"工具 ▨，在属性栏中分别选择合适的字体并设置适当的文字大小，单击属性栏中的"将文本更改为垂直方向"按钮 ⊪，如图 4-136 所示。选取需要的文字，设置文字颜色的 CMYK 值为 55、97、97、14，填充文字，效果如图 4-137 所示。

（5）选择"贝塞尔"工具 ✎，在适当的位置绘制直线。设置轮廓色的 CMYK 值为 64、94、93、27，填充轮廓线。在属性栏中的"轮廓宽度"设置栏 ⌀ .2 mm ▾ 中设置数值为 1mm，按 Enter 键，效果如图 4-138 所示。

图 4-134

图 4-135

图 4-136

图 4-137

（6）按 Ctrl+I 组合键，弹出"导入"对话框。选择云盘中的"Ch04 > 素材 > 制作古物鉴赏图书封面 > 05"文件，单击"导入"按钮。在页面中单击导入的图片，调整图片的位置，效果如图 4-139 所示。选择"文本"工具 **字** ，在适当的位置分别输入需要的文字，选择"选择"工具 ，分别在属性栏中选择合适的字体并设置适当的文字大小，效果如图 4-140 所示。

图 4-138

图 4-139

图 4-140

（7）选择"选择"工具 ，分别选取右侧封面中需要的文字，按数字键盘上的+键，复制文字，并将其拖曳到适当的位置。选取需要的文字，单击属性栏中的"将文本更改为垂直方向"按钮 ，并调整文字大小，效果如图 4-141 所示。

（8）选择"文本 > 插入符号字符"命令，弹出"插入字符"面板，设置需要的字体，选取需要的字符，如图 4-142 所示，单击"插入"按钮插入字符。设置字符颜色的 CMYK 值为 60、79、89、65，填充字符，并去除字符的轮廓线，效果如图 4-143 所示。古物鉴赏图书封面制作完成。

图 4-141

图 4-142

图 4-143

4.2.4 【相关工具】

输入美术字文本或段落文本，效果如图 4-144 所示。使用"形状"工具 选中文本，文本的节点将处于编辑状态，如图 4-145 所示。

图 4-144　　　　　　　　　　　　　　　图 4-145

用光标拖曳 图标，可以调整文本中字符和字符的间距，拖曳 图标，可以调整文本中行的间距，如图 4-146 所示。使用键盘上的方向键，可以对文本进行微调。按住 Shift 键，将段落中第二行文字左下角的节点全部选中，如图 4-147 所示。

图 4-146　　　　　　　　　　　　　　　图 4-147

将光标放在黑色的节点上并拖曳鼠标，如图 4-148 所示。可以将第二行文字移动到需要的位置，效果如图 4-149 所示。使用相同的方法也可以对单个字进行移动调整。

图 4-148　　　　　　　　　　　　　　　图 4-149

单击"文本"属性栏中的"文本属性"按钮 🅰，或选择"文本 > 文本属性"命令，弹出"文本属性"面板，在"字距调整范围"设置栏中可以设置字符的间距，在"段落"设置区的"行距"设置栏中可以设置行的间距。

4.2.5 【实战演练】制作茶之鉴赏图书封面

使用矩形工具、导入命令和图框精确剪裁命令制作图书封面，使用亮度、对比度、强度和颜色平衡命令调整图片颜色，使用高斯式模糊命令制作图片的模糊效果，使用文本工具输入竖排和横排文字，使用转换为曲线命令和渐变工具转换并填充文字。（最终效果参看云盘中的"Ch04 > 效果 > 制作茶之鉴赏图书封面.cdr"，如图 4-150 所示。）

扫码观看
本案例视频

图 4-150

4.3 综合演练——制作药膳图书封面

4.3.1 【案例分析】

药膳发源于我国传统的饮食和中医食疗文化，既将药物作为食物，又将食物赋予药用，二者相辅相成，相得益彰。药膳既具有较高的营养价值，又可防病治病、保健强身、延年益寿。本案例是制作一本药膳图书的封面，要求封面设计能够传达出本书的内容。

4.3.2 【设计理念】

在设计过程中，白色的背景给人干净整洁的印象；食物、药材与文字的结合充分展示出图书宣传的主体，体现出丰富全面的内容和均衡营养的饮食方式。整体设计在用色上清新淡雅，内容上丰富全面、主次分明，让人一目了然。

4.3.3 【知识要点】

使用转换为位图命令和高斯式模糊命令制作文字阴影，使用色度、饱和度、亮度命令调整图片饱和度，使用文本工具添加文字，使用对齐和分布命令调整图片位置，使用贝塞尔工具绘制不规则图形。

（最终效果参看云盘中的"Ch04 > 效果 > 制作药膳图书封面.cdr"，如图 4-151 所示。）

图 4-151

4.4　综合演练——制作影随心生图书封面

4.4.1　【案例分析】

《影随心生》是一本介绍摄影技巧的专业图书。要求进行图书封面设计，用于图书的出版发售。要针对摄影爱好者的喜好来进行设计，在封面上充分表现图书的特色，并能赢得潜在消费者的关注。

4.4.2　【设计理念】

在设计制作过程中，首先用迷人的自然风景照片作为图书封面的背景，在突出主题的同时，从侧面反映拍摄技术的高超，从而使人心生向往；通过对书名文字的艺术化处理，在增加画面活泼感的同时，增加图书的艺术性；简洁大气的设计给人无限的想象空间。

4.4.3　【知识要点】

使用辅助线命令添加辅助线，使用色度、饱和度、亮度调整背景图片，使用矩形工具和图框精确剪裁制作背景效果，使用文本工具添加文字，使用插入条码命令制作图书条形码。（最终效果参看云盘中的"Ch04 > 效果 > 制作影随心生图书封面.cdr"，如图 4-152 所示。）

图 4-152

05 第 5 章
杂志设计

杂志是一种专项宣传媒介，它具有目标受众准确、实效性强、宣传力度大、效果明显等特点。时尚生活类杂志可以设计得轻松活泼、色彩丰富，图文编排可以灵活多变，但要注意把握风格的整体性。本章以多个杂志栏目为例，讲解杂志的设计方法和制作技巧。

课堂学习目标

- ✔ 了解杂志设计的特点和要求
- ✔ 了解杂志设计的主要设计要素
- ✔ 掌握杂志栏目的设计思路和过程
- ✔ 掌握杂志栏目的制作方法和技巧

5.1 制作旅游杂志封面

5.1.1 【案例分析】

享受旅行杂志是一本为即将去旅行的人们制作的旅行类杂志。杂志主要介绍的是旅行的相关景区、重要景点、主要节庆日等信息。本杂志在封面设计上，要求体现出旅行生活的多姿多彩，让人在享受旅行生活的同时，感受大自然的美。

5.1.2 【设计理念】

在设计制作中，首先用迷人的自然风景照片作为杂志封面的背景，表现出旅游景区的真实美景；通过对杂志名称的艺术化处理，给人强烈的视觉冲击力，醒目直观又不失活泼感；通过不同样式的栏目标题展示出多姿多彩的旅行生活，给人无限的想象空间，产生积极参与的欲望；封面中，文字与图形的编排布局相对集中紧凑，使页面布局合理有序。（最终效果参看云盘中的"Ch05 > 效果 > 制作旅游杂志封面.cdr"，如图 5-1 所示。）

图 5-1

5.1.3 【操作步骤】

1. 制作杂志标题

（1）选择"文件 > 打开"命令，弹出"打开绘图"对话框。选择云盘中的"Ch05 > 素材 > 制作旅游杂志封面 > 01"文件，单击"打开"按钮，效果如图 5-2 所示。

（2）选择"文本"工具 字，分别输入需要的文字，选择"选择"工具 ，分别在属性栏中选择合适的字体并设置文字大小。将文字颜色的 CMYK 值设置为 0、100、100、0，填充文字，效果如图 5-3 所示。选择"选择"工具 ，选择文字"Enjoy Travel"。在属性栏中单击"粗体"按钮 B 和"斜体"按钮 ，效果如图 5-4 所示。

（3）选择"文本 > 文本属性"命令，弹出"文本属性"面板，各选项的设置如图 5-5 所示。按 Enter 键，文字效果如图 5-6 所示。选择"选择"工具 ，用圈选的方法选取所有文字，如图 5-7 所示。

扫码观看
本案例视频

图 5-2　　　　　　　图 5-3　　　　　　　　　　图 5-4

图 5-5　　　　　　　图 5-6　　　　　　　　　　图 5-7

（4）向上拖曳文字下方中间的控制手柄到适当的位置，效果如图 5-8 所示。按 Ctrl+Q 组合键，将文字转换为曲线。选择"选择"工具，选择文字"Enjoy Travel"。选择"形状"工具，选择需要的节点，如图 5-9 所示，将其向下拖曳到适当的位置，效果如图 5-10 所示。用相同的方法调整其他文字的节点，效果如图 5-11 所示。

图 5-8　　　　　　　图 5-9　　　　　　　图 5-10　　　　　　　图 5-11

（5）选择"选择"工具，选择文字"Enjoy Travel"。单击鼠标右键，在弹出的菜单中选择"拆分曲线"命令，文字效果如图 5-12 所示。按住 Shift 键的同时，选取需要的文字，如图 5-13 所示。按住 Shift+PageDown 组合键，将该图形置于所有图形的最下层。

图 5-12　　　　　　　　　图 5-13

（6）选择"选择"工具，按住 Shift 键的同时，选取需要的图形，如图 5-14 所示。在"CMYK调色板"中的"白"色块上单击鼠标左键，填充图形，效果如图 5-15 所示。

图 5-14　　　　　　　　　　图 5-15

（7）选择"矩形"工具 □，在页面中绘制一个矩形，填充为红色，并去除图形的轮廓线，效果如图 5-16 所示。选择"选择"工具 ▷，选取需要的图形，如图 5-17 所示。单击属性栏中的"合并"按钮 ▣，将两个图形合并为一个图形，效果如图 5-18 所示。将文字"E"和合并图形同时选取，单击属性栏中的"合并"按钮 ▯，将两个图形合并为一个图形，效果如图 5-19 所示。

图 5-16　　　　　　　　　　图 5-17

图 5-18　　　　　　　　　　图 5-19

（8）选择"选择"工具 ▷，选取所有的文字，并将其拖曳到页面中适当的位置，效果如图 5-20 所示。按 F12 键，弹出"轮廓笔"对话框，将"颜色"选项设为白色，其他选项的设置如图 5-21 所示。单击"确定"按钮，效果如图 5-22 所示。

图 5-20　　　　　　　　图 5-21　　　　　　　　图 5-22

2．制作出版刊号

（1）选择"椭圆形"工具 ○，按住 Ctrl 键的同时，绘制一个圆形，填充图形为黄色，并去除图形的轮廓线，效果如图 5-23 所示。

（2）选择"矩形"工具 □，在页面中绘制两个矩形，如图 5-24 所示。选择"选择"工具 ▷，用圈选的方法选取矩形和圆形。单击属性栏中的"移除前面对象"按钮 ，剪切图形，效果如图 5-25 所示。

（3）选择"文本"工具 字 ，分别输入需要的文字。选择"选择"工具 ，在属性栏中分别选择合适的字体并设置文字大小，填充适当的颜色，效果如图 5-26 所示。选择文字"2018.10.15"，在属性栏中单击"粗体"按钮 B 和"斜体"按钮 。选择"文本 > 文本属性"命令，弹出"文本属性"面板，将"字符间距"设为 0，文字效果如图 5-27 所示。再次单击文字，使其处于旋转状态，向右拖曳文字上方中间的控制手柄到适当的位置，效果如图 5-28 所示。

扫码观看
本案例视频

图 5-23 　　　　　　　　　图 5-24 　　　　　　　　　图 5-25

图 5-26 　　　　　　　　　图 5-27 　　　　　　　　　图 5-28

（4）选择"选择"工具 ，选择文字"特刊"。按 F12 键，弹出"轮廓线"对话框，将"颜色"选项设为白色，其他选项的设置如图 5-29 所示。单击"确定"按钮，效果如图 5-30 所示。

图 5-29 　　　　　　　　　　　　　　图 5-30

3. 添加栏目标题和内容

（1）选择"文本"工具 字 ，在适当的位置输入需要的文字。选择"选择"工具 ，在属性栏中选择合适的字体并设置文字大小，填充文字为黄色，效果如图 5-31 所示。向左拖曳文字右侧中间的控制手柄到适当的位置，效果如图 5-32 所示。将文字拖曳到页面中适当的位置，如图 5-33 所示。

图 5-31

图 5-32

图 5-33

（2）选择"矩形"工具□，在页面中绘制一个矩形，如图 5-34 所示。选择"选择"工具▷，用圈选的方法同时选取文字和矩形，单击属性栏中的"移除前面对象"按钮□，对文字进行裁切，效果如图 5-35 所示。

图 5-34

图 5-35

（3）选择"文本"工具字，分别输入需要的文字。选择"选择"工具▷，分别在属性栏中选择合适的字体并设置文字大小，填充文字为黄色，效果如图 5-36 所示。

图 5-36

（4）选择"椭圆形"工具○，按住 Ctrl 键的同时，绘制一个圆形，填充图形为黄色，并去除图形的轮廓线，效果如图 5-37 所示。选择"选择"工具▷，连续按 3 次数字键盘上的+键，复制 3 个圆形，并分别将其拖曳到适当的位置，效果如图 5-38 所示。

图 5-37

图 5-38

（5）选择"文本"工具字，输入需要的文字。选择"选择"工具▷，在属性栏中选择合适的字体并设置文字大小，填充文字为白色，效果如图 5-39 所示。在"文本属性"面板中，各选项的设置如图 5-40 所示。按 Enter 键，效果如图 5-41 所示。

图 5-39　　　　　　　　　图 5-40　　　　　　　　　图 5-41

（6）选择"矩形"工具 □，在页面中绘制两个矩形，如图 5-42 所示。选择"选择"工具 ，选取上方的矩形，设置图形填充颜色的 CMYK 值为 20、80、0、20，填充图形，并去除图形的轮廓线，效果如图 5-43 所示。选择下方的矩形，设置图形填充颜色的 CMYK 值为 100、0、0、0，填充图形，并去除图形的轮廓线，效果如图 5-44 所示。

图 5-42　　　　　　　　　图 5-43　　　　　　　　　图 5-44

（7）选择"文本"工具 字，分别输入需要的文字。选择"选择"工具 ，分别在属性栏中选择合适的字体并设置文字大小。填充文字为白色，效果如图 5-45 所示。

（8）选择"选择"工具 ，选择文字"去野象谷……"。在"文本属性"面板中，各选项的设置如图 5-46 所示。按 Enter 键，效果如图 5-47 所示。用相同的方法调整其他文字的行间距，效果如图 5-48 所示。

图 5-45　　　　　　　　　图 5-46

图 5-47　　　　　　　　　图 5-48

（9）选择"文件 > 导入"命令，弹出"导入"对话框。选择云盘中的"Ch05 > 素材 > 制作旅游杂志封面 > 02"文件，单击"导入"按钮，在页面中单击导入图片，并将其拖曳到适当的位置，效果如图 5-49 所示。

（10）选择"贝塞尔"工具，在页面中适当的位置绘制一个图形，如图 5-50 所示。在"CMYK调色板"中"黄"色块上单击鼠标左键，填充图形，并去除图形的轮廓线，效果如图 5-51 所示。

图 5-49　　　　　　　　　图 5-50　　　　　　　　　图 5-51

（11）选择"文本"工具，分别输入需要的文字。选择"选择"工具，在属性栏中分别选择合适的字体并设置文字大小，分别填充适当的颜色，效果如图 5-52 所示。

（12）选择"选择"工具，选取文字"青海湖"。选择"阴影"工具，在文字上由上向下拖曳光标，为文字添加阴影效果，在属性栏中的设置如图 5-53 所示，按 Enter 键，文字效果如图 5-54 所示。

图 5-52　　　　　　　　　图 5-53　　　　　　　　　图 5-54

（13）选取文字"千岛湖"。选择"阴影"工具，在文字上由左向右拖曳光标，为文字添加阴影效果，在属性栏中的设置如图 5-55 所示，按 Enter 键，文字效果如图 5-56 所示。

图 5-55　　　　　　　　　图 5-56

（14）选择"选择"工具，选取文字"神龙岛……"。在"文本属性"面板中，各选项的设置如图 5-57 所示。按 Enter 键，文字效果如图 5-58 所示。

（15）选择"椭圆形"工具，按住 Ctrl 键的同时，绘制一个圆形。设置图形填充颜色的 CMYK值为 0、100、100、0，填充图形，并去除图形的轮廓线，效果如图 5-59 所示。连续单击 3 次数字键盘上的+键，复制 3 个圆形，并分别拖曳到适当的位置，填充适当的颜色，效果如图 5-60所示。

图 5-57

图 5-58

（16）选择"选择"工具 ，同时选取 4 个圆形，连续 4 次按 Ctrl+PageDown 组合键，将 4 个圆形置于文字下方，效果如图 5-61 所示。

图 5-59

图 5-60

图 5-61

（17）选择"选择"工具 ，选取文字"三亚"。按 F12 键，弹出"轮廓笔"对话框，将"颜色"选项设置为白色，其他选项的设置如图 5-62 所示。单击"确定"按钮，文字效果如图 5-63 所示。

图 5-62

图 5-63

（18）选择"矩形"工具 ，在属性栏中将"圆角半径"选项设为 1mm，在适当的位置绘制一个圆角矩形。设置图形填充颜色的 CMYK 值为 0、60、100、0，填充图形，并去除图形的轮廓线，效果如图 5-64 所示。连续按 3 次数字键盘上的+键，复制 3 个圆角矩形，并分别拖曳到适当的位置，填充适当的颜色，效果如图 5-65 所示。

（19）选择"选择"按钮 ，同时选取 4 个圆角矩形，连续 4 次按 Ctrl+PageDown 组合键，将图形置于文字下方，效果如图 5-66 所示。

图 5-64

图 5-65

图 5-66

（20）选择"文本"工具 ，分别输入需要的文字。选择"选择"工具 ，在属性栏中分别选择合适的字体并设置文字大小，分别填充适当的颜色，效果如图 5-67 所示。

（21）选择"选择"工具 ，选取文字"每年 9 月……"。在"文本属性"面板中，各选项的设置如图 5-68 所示。按 Enter 键，文字效果如图 5-69 所示。

图 5-67　　　　　　　　　图 5-68　　　　　　　　　图 5-69

（22）选择"贝塞尔"工具 ，在适当的位置绘制一个三角形，如图 5-70 所示。按 F11 键，弹出"渐变填充"对话框。选择"双色"单选项，将"从"选项颜色的 CMYK 值设置为 0、100、0、0，"到"选项颜色的 CMYK 值设置为 0、0、0、0，其他选项的设置如图 5-71 所示。单击"确定"按钮，填充图形，效果如图 5-72 所示。

图 5-70　　　　　　　　　图 5-71　　　　　　　　　图 5-72

（23）选择"文本"工具 ，输入需要的文字。选择"选择"工具 ，在属性栏中选择合适的字体并设置文字大小，调整其角度。将文字颜色的 CMYK 值设置为 100、0、0、0，填充文字，效果如图 5-73 所示。旅游杂志封面制作完成，效果如图 5-74 所示。

图 5-73　　　　　　　　　图 5-74

5.1.4 【相关工具】

1. 设置文本嵌线

选中需要处理的文本,如图 5-75 所示。单击"文本"属性栏中的"文本属性"按钮 ,弹出"文本属性"泊坞窗,如图 5-76 所示。

图 5-75   图 5-76

单击"下划线"按钮 ,在弹出的下拉列表中选择线型,如图 5-77 所示,文本下划线的效果如图 5-78 所示。

图 5-77   图 5-78

选中需要处理的文本,如图 5-79 所示。单击"文本属性"面板中的 按钮,弹出更多选项,在"字符删除线"设置栏 的下拉列表中选择线型,如图 5-80 所示,文本删除线的效果如图 5-81 所示。

图 5-79   图 5-80   图 5-81

选中需要处理的文本，如图 5-82 所示。在"字符上划线"设置栏 的下拉列表中选择线型，如图 5-83 所示，文本上划线的效果如图 5-84 所示。

| 图 5-82 | 图 5-83 | 图 5-84 |

2. 设置文本上下标

选中需要制作上标的文本，如图 5-85 所示。单击"文本"属性栏中的"文本属性"按钮，弹出"文本属性"泊坞窗，如图 5-86 所示。

单击"位置"按钮，在弹出的下拉列表中选择"上标"选项，如图 5-87 所示，设置上标的效果如图 5-88 所示。

| 图 5-85 | 图 5-86 | 图 5-87 | 图 5-88 |

选中需要制作下标的文本，如图 5-89 所示。单击"位置"按钮，在弹出的下拉列表中选择"下标"选项，如图 5-90 所示，设置下标的效果如图 5-91 所示。

| 图 5-89 | 图 5-90 | 图 5-91 |

3. 设置文本的排列方向

选中文本，在"文本"属性栏中，单击"将文字更改为水平方向"按钮≡或"将文字更改为垂直方向"按钮Ⅲ，可以使文本水平或垂直排列，效果如图 5-92、图 5-93 所示。

选择"文本 > 文本属性"命令，弹出"文本属性"泊坞窗，在"图文框"设置区中选择文本的排列方向，如图 5-94 所示，也可以改变文本的排列方向。

图 5-92　　　　　　　图 5-93　　　　　　　图 5-94

4. 设置制表位

◎ 通过"制表位设置"对话框设置制表位

选择"文本"工具字，在绘图页面中创建一个段落文本框，标尺上出现多个制表位，如图 5-95 所示。选择"文本 > 制表位"命令，弹出"制表位设置"对话框，在对话框中可以进行制表位设置，如图 5-96 所示。

图 5-95　　　　　　　　　　　图 5-96

在数值框中直接输入数值或调整数值，可以设置制表位的位置，如图 5-97 所示。

在"制表位设置"对话框中，单击"对齐"选项，出现制表位对齐方式下拉列表，可以设置字符出现在制表位上的位置，如图 5-98 所示。

在"制表位设置"对话框中，选中一个制表位，单击"移除"或"全部移除"按钮，可以删除制表位，单击"添加"按钮，可以增加制表位。设置好制表位后，单击"确定"按钮，可以完成制表位的设置。

图 5-97

图 5-98

在段落文本框中插入光标，在键盘上按 Tab 键，每按一次 Tab 键，插入的光标就会按新设置的制表位移动一次。

◎ 通过快捷菜单或鼠标拖动设置制表位

选择"文本"工具 字，在绘图页面中绘制一个段落文本框，效果如图 5-99 所示。

在标尺上出现多个"L"形滑块，就是制表位，效果如图 5-100 所示。在任意一个制表位上单击鼠标右键，弹出快捷菜单，在快捷菜单中可以选择该制表位的对齐方式，如图 5-101 所示，也可以对栅格、标尺和辅助线进行设置。

图 5-99   图 5-100   图 5-101

在上方的标尺上拖曳"L"形滑块，可以将制表位移动到需要的位置，效果如图 5-102 所示。将制表位拖曳到标尺外，就可以删除该制表位。在标尺上的任意位置单击鼠标左键，可以添加一个制表位，效果如图 5-103 所示。

图 5-102   图 5-103

5.1.5 【实战演练】制作时尚生活杂志封面

使用文本工具和对象属性泊坞窗添加需要的封面文字，使用转换为曲线命令和形状工具编辑杂志名称，使用刻刀工具分割文字，使用插入字符命令插入需要的字符，使用条形码命令添加封面条形码。（最终效果参看云盘中的"Ch05 > 效果 > 制作时尚生活杂志封面.cdr"，如图 5-104 所示。）

扫码观看
本案例视频

图 5-104

5.2 制作旅游杂志内文1

5.2.1 【案例分析】

旅游杂志主要是为热爱旅游人士设计的专业杂志，杂志的宗旨是使人们的旅游生活更加舒适便捷。杂志主要介绍的内容是旅游景点推荐以及各地风土人情。在页面设计上要抓住杂志的特色，激发人们对旅游的热情。

5.2.2 【设计理念】

在设计制作过程中，使用大篇幅的摄影图片给人带来视觉上的美感；使用红色的栏目标题，醒目突出，吸引读者的注意；美景图片和介绍性文字合理编排，在展现出宣传主题的同时，刺激人们的旅

游欲望，达到宣传的效果；整体色彩合理搭配使画面更加丰富活泼。（最终效果参看云盘中的"Ch05
> 效果 > 制作旅游杂志内文 1.cdr"，如图 5-105 所示。）

图 5-105

5.2.3 【操作步骤】

1. 制作栏目名称和文字

（1）按 Ctrl+N 组合键，新建一个页面。在属性栏的"页面度量"选项中分
别设置宽度为 420mm、高度为 278mm，按 Enter 键，页面尺寸显示为设置的大
小。

（2）选择"视图 > 标尺"命令，在视图中显示标尺。选择"选择"工具 ，
在页面中拖曳一条垂直辅助线，在属性栏中将"X 位置"选项设为 213mm，按
Enter 键，如图 5-106 所示。

扫码观看
本案例视频

（3）选择"文件 > 导入"命令，弹出"导入"对话框，选择云盘中的"Ch05 > 素材 > 制作旅
游杂志内文 1 > 01"文件，单击"导入"按钮。在页面中单击导入的图片，将其拖曳到适当的位置，
效果如图 5-107 所示。

图 5-106   图 5-107

（4）选择"文本"工具 ，在适当的位置分别输入需要的文字。选择"选择"工具 ，在属性
栏中分别选择合适的字体并设置文字大小。在"CMYK 调色板"中的"红"色块上单击鼠标左键，填
充文字，效果如图 5-108 所示。

（5）选择"选择"工具 ，选取文字"JIUZHAIGOU"。选择"阴影"工具 ，在文字上从上

向下拖曳光标，为文字添加阴影效果。在属性栏中进行设置，如图 5-109 所示。按 Enter 键，效果如图 5-110 所示。用相同的方法制作其他文字的阴影效果，如图 5-111 所示。

图 5-108

图 5-109

图 5-110

图 5-111

（6）选择"2 点线"工具 ，在页面中绘制一条直线，如图 5-112 所示。按 F12 键，弹出"轮廓笔"对话框。将"颜色"选项设置为红色，其他选项的设置如图 5-113 所示。单击"确定"按钮，效果如图 5-114 所示。用"步骤（5）"所讲的方法制作直线的阴影效果，如图 5-115 所示。用相同的方法再制作一条直线，效果如图 5-116 所示。

图 5-112

图 5-113

图 5-114

图 5-115

图 5-116

（7）选择"矩形"工具 □，按住 Ctrl 键的同时，绘制一个正方形。填充图形为黑色，并去除图形的轮廓线，效果如图 5-117 所示。

（8）选择"透明度"工具 ♈，在属性栏中进行设置，如图 5-118 所示。按 Enter 键，效果如图 5-119 所示。

图 5-117　　　　　　　　　图 5-118　　　　　　　　　图 5-119

（9）选择"矩形"工具 □，按住 Ctrl 键的同时，绘制一个正方形。填充图形为黑色，并去除图形的轮廓线，效果如图 5-120 所示。

（10）选择"透明度"工具 ♈，在属性栏中进行设置，如图 5-121 所示。按 Enter 键，效果如图 5-122 所示。

图 5-120　　　　　　　　　图 5-121　　　　　　　　　图 5-122

（11）选择"文本"工具 字，输入需要的文字。选择"选择"工具 ↖，在属性栏中选择合适的字体并设置文字大小。填充文字为红色，效果如图 5-123 所示。

（12）选择"文本 > 文本属性"命令，弹出"文本属性"面板，选项的设置如图 5-124 所示。按 Enter 键，效果如图 5-125 所示。再次单击文字，使文字处于旋转状态，向右拖曳上方中间的控制手柄到适当的位置，将文字倾斜，效果如图 5-126 所示。

图 5-123　　　　　　图 5-124　　　　　　　图 5-125　　　　　　　图 5-126

（13）选择"文本"工具 字，分别输入需要的文字。选择"选择"工具 ↳，分别在属性栏中选择合适的字体并设置文字大小。分别为文字填充适当的颜色，效果如图 5-127 所示。

（14）选择"椭圆形"工具 ◯，按住 Ctrl 键的同时绘制一个圆形。填充图形为黄色，效果如图 5-128 所示。选择"选择"工具 ↳，连续按 3 次数字键盘上的+键复制圆形，分别将复制的圆形拖曳到适当的位置，效果如图 5-129 所示。

图 5-127   图 5-128   图 5-129

（15）打开云盘中的"Ch05 > 素材 > 制作旅游杂志内文 1 > 文本"文件，选取并复制需要的文字，如图 5-130 所示。返回到正在编辑的 CorelDRAW 软件中，选择"文本"工具 字，拖曳鼠标，创建一个文本框，按 Ctrl+V 组合键，将复制的文字粘贴到文本框中。选择"选择"工具 ↳，在属性栏中选择合适的字体并设置文字大小，填充文字为白色，效果如图 5-131 所示。在"文本属性"面板中进行设置，如图 5-132 所示。按 Enter 键，效果如图 5-133 所示。

图 5-130   图 5-131   图 5-132   图 5-133

2. 编辑景点图片和介绍文字

（1）选择"选择"工具 ↳，在杂志内页左侧选取需要的文字。按数字键盘上的+键，复制文字，并调整其位置和大小，效果如图 5-134 所示。

（2）选择"矩形"工具 ▢，绘制一个矩形。在"CMYK 调色板"中的"40% 黑"色块上单击鼠标右键，填充矩形轮廓线，效果如图 5-135 所示。

（3）选择"文件 > 导入"命令，弹出"导入"对话框。选择云盘中的"Ch05 > 素材 > 制作旅游杂志内文 1 > 02"文件，单击"导入"按钮。在页面中单击导入的图片，并将其拖曳到适当的位置，效果如图 5-136 所示。

（4）选择"文本"工具 字，分别输入需要的文字。选择"选择"工具 ↳，分别在属性栏中选择合适的字体并设置文字大小，填充适当的颜色，效果如图 5-137 所示。

扫码观看
本案例视频

图 5-134 图 5-135

图 5-136 图 5-137

（5）选择"文本 > 插入符号字符"命令，弹出"插入字符"面板，在面板中按需要进行设置并选择需要的字符，如图 5-138 所示。单击"插入"按钮，插入字符，拖曳字符到适当的位置并调整其大小，效果如图 5-139 所示。填充字符为红色并去除字符的轮廓线，效果如图 5-140 所示。用相同的方法插入其他符号字符，并填充相同的颜色，效果如图 5-141 所示。

（6）选取并复制"文本"文件中需要的文字。选择"文本"工具 字，拖曳鼠标，创建一个文本框，粘贴复制的文字。选择"选择"工具 ，在属性栏中选择合适的字体并设置文字大小。在"CMYK调色板"中的"70%黑"色块上单击鼠标左键，填充文字，效果如图 5-142 所示。

图 5-138 图 5-139 图 5-140

图 5-141 图 5-142

（7）选择"文本 > 栏"命令，弹出"栏设置"对话框，选项的设置如图 5-143 所示，单击"确定"按钮，效果如图 5-144 所示。

图 5-143

图 5-144

（8）选择"矩形"工具 □，绘制一个矩形，如图 5-145 所示。按 F12 键，弹出"轮廓笔"对话框。在"颜色"选项中设置轮廓线颜色的 CMYK 值为 100、0、100、0，其他选项的设置如图 5-146 所示。单击"确定"按钮，效果如图 5-147 所示。

图 5-145

图 5-146

图 5-147

（9）选择"文件 > 导入"命令，弹出"导入"对话框。选择云盘中的"Ch05 > 素材 > 制作旅游杂志内文 1 > 03"文件，单击"导入"按钮。在页面中单击导入的图片，将其拖曳到适当的位置，效果如图 5-148 所示。

（10）按 Ctrl+PageDown 组合键，将图片向下移动一层，效果如图 5-149 所示。选择"效果 > 图框精确剪裁 > 置于图文框内部"命令，鼠标指针变为黑色箭头形状，在矩形图形上单击，如图 5-150 所示，将图形置入到矩形中，效果如图 5-151 所示。

图 5-148　　　　　　　　图 5-149　　　　　　　　图 5-150　　　　　　　　图 5-151

（11）选择"文本"工具 字，分别输入需要的文字。选择"选择"工具 ，在属性栏中分别选择合适的字体并设置文字大小，填充适当的颜色，效果如图 5-152 所示。

（12）选取并复制"文本"文件中需要的文字。选择"文本"工具 字，拖曳鼠标，创建一个文本框，粘贴需要的文字。选择"选择"工具 ，在属性栏中选择合适的字体并设置文字大小。在"CMYK调色板"中的"70%黑"色块上单击鼠标左键，填充文字，效果如图 5-153 所示。

图 5-152　　　　　　　　　　　图 5-153

（13）在"文本属性"面板中进行设置，如图 5-154 所示。按 Enter 键，效果如图 5-155所示。

（14）用"步骤（8）～步骤（13）"所述的方法分别制作其他图片和文字效果，如图 5-156 所示。

图 5-154　　　　　　　　图 5-155　　　　　　　　图 5-156

（15）选择"星形"工具 ，在属性栏中将"点数或边数"选项设为 12，"锐度"选项设为 25，在适当的位置绘制一个图形，填充图形为红色，并去除图形的轮廓线，效果如图 5-157 所示。

（16）选择"文本"工具 字，输入需要的文字。选择"选择"工具 ，在属性栏中选择合适的字体并设置文字大小，填充文字为白色，效果如图 5-158 所示。

图 5-157　　　　　　　　图 5-158

（17）用相同的方法再绘制一个图形，输入需要的文字，并填充相同的颜色，效果如图 5-159 所示。旅游杂志内文 1 制作完成，效果如图 5-160 所示。

图 5-159   图 5-160

5.2.4 【相关工具】

1. 文本绕路径

选择"文本"工具 字，在绘图页面中输入美术字文本。使用"贝塞尔"工具 ，绘制一个路径，选中美术字文本，效果如图 5-161 所示。

选择"文本 > 使文本适合路径"命令，出现箭头图标，将箭头置于路径上，文本自动绕路径排列，如图 5-162 所示。单击鼠标左键确定，效果如图 5-163 所示。

图 5-161   图 5-162   图 5-163

选中绕路径排列的文本，如图 5-164 所示。在图 5-165 所示的属性栏中可以设置"文字方向""与路径距离""水平偏移"等属性。

图 5-164   图 5-165

通过设置可以产生多种文本绕路径的效果，如图 5-166 所示。

图 5-166

2. 文本绕图

CorelDRAW 提供了多种文本绕图的形式，应用好文本绕图可以使设计制作的杂志或报刊更加生动美观。

选择"文件 > 导入"命令，或按 Ctrl+I 组合键，弹出"导入"对话框。在对话框的"查找范围"列表框中选择需要的文件夹，在文件夹中选取需要的位图文件，单击"导入"按钮，在页面中单击，位图被导入到页面中，将位图移动到段落文本中的适当位置，效果如图 5-167 所示。

在位图上单击鼠标右键，在弹出的快捷菜单中选择"段落文本换行"命令，如图 5-168 所示，文本绕图效果如图 5-169 所示。在属性栏中单击"文本换行"按钮 ，在弹出的下拉菜单中可以设置换行样式，在"文本换行偏移"选项的数值框中可以设置偏移距离，如图 5-170 所示。

图 5-167　　　　　　　　图 5-168　　　　　　　　图 5-169　　　　　　　　图 5-170

3. 段落分栏

选择一个段落文本，如图 5-171 所示。选择"文本 > 栏"命令，弹出"栏设置"对话框。设置"栏数"选项为 2，栏间宽度为 12.7mm，如图 5-172 所示。设置好后，单击"确定"按钮，段落文本被分为两栏，效果如图 5-173 所示。

图 5-171　　　　　　　　图 5-172　　　　　　　　图 5-173

5.2.5 【实战演练】制作旅游杂志内文 2

使用矩形工具、图框精确剪裁命令和阴影工具制作相框效果；使用文本工具添加文字；使用椭圆形工具绘制装饰图形；使用项目符号命令插入图形；使用文本绕图命令制作文字效果。（最终效果参看云盘中的"Ch05 > 效果 > 制作旅游杂志内文 2.cdr"，如图 5-174 所示。）

扫码观看
本案例视频（1）

扫码观看
本案例视频（2）

图 5-174

5.3 综合演练——制作旅游杂志内文 3

5.3.1 【案例分析】

本案例是为旅游杂志制作杂志内页。该杂志的定位是帮助人们对外出旅行进行一定的了解，向读者介绍各地特色风景和当地文化，栏目精练，内容新鲜。设计要求符合杂志定位，明确主题。

5.3.2 【设计理念】

在设计制作过程中，使用白色作为主体色，给人洁净爽利的感觉；风景各异的图片在带给人们视觉美感的同时，让人们对各地美景有了大致的了解，引发人们的出游的欲望；文字、图片与表格编排合理、新颖突出，能抓住人们的视线，增加画面的活泼感。

5.3.3 【知识要点】

使用钢笔工具和图框精确剪裁命令制作图片效果，使用文字工具添加文字，使用矩形工具和阴影工具制作相框效果，使用椭圆形工具、手绘工具和矩形工具制作装饰图形，使用星形工具制作杂志页码。（最终效果参看云盘中的"Ch05 > 效果 > 制作旅游杂志内文 3.cdr"，如图 5-175 所示。）

扫码观看
本案例视频（1）

扫码观看
本案例视频（2）

扫码观看
本案例视频（3）

图 5-175

5.4　综合演练——制作旅游杂志内文 4

5.4.1　【案例分析】

本案例是为一本旅游杂志制作内页，该旅游杂志主要介绍世界各地的国家公园、历史古迹、观景胜地、著名城市和鲜为人知的景点。读者范围广泛，杂志内载有丰富的彩照和文字说明。设计要求围绕杂志内容，贴合主题。

5.4.2　【设计理念】

在设计制作过程中，使用图片排列的变化增加画面的活泼感，与前面的版式设计形成既有区别又有联系；文字和表格的设计多变且有序，给人活而不散、变而不乱的感觉。整个版面的设计简洁直观、明确清晰。

5.4.3　【知识要点】

使用透明度工具编辑图片，使用矩形工具和手绘工具绘制装饰图形，使用文本工具添加文字，使用表格工具和文本工具制作表格图形，使用星形工具制作杂志页码。（最终效果参看云盘中的"Ch05 > 效果 > 制作旅游杂志内文 4.cdr"，如图 5-176 所示。）

扫码观看
本案例视频（1）

扫码观看
本案例视频（2）

扫码观看
本案例视频（3）

图 5-176

06

第 6 章
宣传单设计

宣传单是直销广告的一种，对宣传活动和促销商品有着重要的作用。宣传单通过派送、邮递等形式，可以有效地将信息传达给目标受众。本章以各种不同主题的宣传单为例，讲解宣传单的设计方法和制作技巧。

课堂学习目标

- ✔ 了解宣传单的概念
- ✔ 了解宣传单的功能
- ✔ 掌握宣传单的设计思路和过程
- ✔ 掌握宣传单的制作方法和技巧

6.1　制作鸡肉卷宣传单

6.1.1　【案例分析】

本案例是为一款墨西哥鸡肉卷制作宣传单。要求宣传单能够运用图片和宣传文字，使用独特的设计手法，主题鲜明地展现出鸡肉卷的健康、可口。

6.1.2　【设计理念】

在设计制作过程中，通过绿色渐变背景搭配精美的产品图片，体现出产品选料精良、美味可口的特点；通过艺术设计的标题文字，展现时尚和现代感，突出宣传主题，让人印象深刻。（最终效果参看云盘中的"Ch06 > 效果 > 制作鸡肉卷宣传单.cdr"，如图 6-1 所示。）

扫码观看
本案例视频

图 6-1

6.1.3　【操作步骤】

（1）按 Ctrl+N 组合键，新建一个页面。在属性栏的"页面度量"选项中分别设置宽度为 210mm、高度为 285mm，按 Enter 键，页面尺寸显示为设置的大小。

（2）选择"文件 > 导入"命令，弹出"导入"对话框。选择云盘中的"Ch06 > 素材 > 制作鸡肉卷宣传单 > 01"文件，单击"导入"按钮。在页面中单击导入的图片，按 P 键，图片在页面居中对齐，效果如图 6-2 所示。

（3）选择"文本"工具 字，输入需要的文字。选择"选择"工具 ，在属性栏中选择合适的字体并设置文字大小，效果如图 6-3 所示。

图 6-2　　　　　　　　　图 6-3

（4）按 Ctrl+K 组合键，将文字进行拆分。选择"选择"工具，选取文字"墨"，将其拖曳到适当的位置，在属性栏中进行设置，如图 6-4 所示。按 Enter 键，效果如图 6-5 所示。用相同的方法分别调整其他文字的大小、角度和位置，效果如图 6-6 所示。

图 6-4

图 6-5

图 6-6

（5）选择"选择"工具，选取文字"墨"。按 Ctrl+Q 组合键，将文字转化为曲线，如图 6-7 所示。用相同的方法，将其他文字转化为曲线。选择"贝塞尔"工具，在页面中适当的位置绘制一个不规则图形，如图 6-8 所示。选择"选择"工具，将文字"卷"和不规则图形同时选取，单击属性栏中的"移除前面对象"按钮，对文字进行裁切，效果如图 6-9 所示。

图 6-7

图 6-8

图 6-9

（6）选择"选择"工具，选取文字"墨"。选择"形状"工具，选取需要的节点，如图 6-10 所示。向左上方拖曳节点到适当的位置，效果如图 6-11 所示。用相同的方法调整其他文字节点的位置，效果如图 6-12 所示。

图 6-10

图 6-11

图 6-12

（7）选择"贝塞尔"工具，在适当的位置绘制一个不规则图形，填充图形为黑色，并去除图形的轮廓线，效果如图 6-13 所示。用相同的方法再绘制两个图形，填充图形为黑色并去除图形的轮廓线，效果如图 6-14 所示。

（8）选择"选择"工具，用圈选的方法将所有文字同时选取。设置图形颜色的 CMYK 值为 0、100、100、20，填充文字。按 Ctrl+G 组合键，将其群组，效果如图 6-15 所示。按 Ctrl+C 组合键，复制文字图形。

图 6-13　　　　　　　　　　图 6-14

（9）按 F12 键，弹出"轮廓笔"对话框，将"颜色"选项设置为白色，其他选项的设置如图 6-16 所示。单击"确定"按钮，效果如图 6-17 所示。

图 6-15　　　　　　　　　图 6-16　　　　　　　　　图 6-17

（10）按 Ctrl+V 组合键，将复制的文字图形原位粘贴。按 F12 键，弹出"轮廓笔"对话框，将"颜色"选项设置为黑色，其他选项的设置如图 6-18 所示。单击"确定"按钮，效果如图 6-19 所示。

（11）选择"贝塞尔"工具，绘制多个不规则图形和曲线，填充图形和曲线为白色，并去除图形的轮廓线，效果如图 6-20 所示。

图 6-18　　　　　　　　　图 6-19　　　　　　　　　图 6-20

（12）选择"贝塞尔"工具，绘制多个不规则图形，设置图形填充颜色的 CMYK 值为 40、0、100、0，填充图形，并去除图形的轮廓线，效果如图 6-21 所示。多次按 Ctrl+PageDown 组合键将图形向后调整到适当的位置，效果如图 6-22 所示。

（13）选择"文件 > 导入"命令，弹出"导入"对话框。选择云盘中的"Ch06 > 素材 > 制作鸡肉卷宣传单 > 02、03"文件，单击"导入"按钮。在页面中分别单击导入的图片，并将其拖曳到适当的位置，效果如图 6-23 所示。

图 6-21　　　　　　　图 6-22　　　　　　　图 6-23

（14）选择"文本"工具 字，分别输入需要的文字。选择"选择"工具 ，在属性栏中分别选择合适的字体并设置文字大小，填充文字为白色，效果如图 6-24 所示。

（15）选择"椭圆形"工具 ，按住 Ctrl 键的同时，绘制一个圆形。设置图形填充颜色的 CMYK 值为 0、60、100、0，填充图形，并去除图形的轮廓线，效果如图 6-25 所示。多次按 Ctrl+PageDown 组合键，将图形向后调整到适当的位置，效果如图 6-26 所示。

图 6-24　　　　　　　图 6-25　　　　　　　图 6-26

（16）选择"文本"工具 字，分别输入需要的文字。选择"选择"工具 ，在属性栏中分别选择合适的字体并设置文字大小。设置文字填充颜色的 CMYK 值为 0、100、100、0，填充文字，效果如图 6-27 所示。

（17）选择"矩形"工具 ，绘制一个矩形。设置图形填充颜色的 CMYK 值为 0、100、100、0，填充图形，并去除图形的轮廓线，效果如图 6-28 所示。用相同的方法再绘制一个矩形，并填充相同的颜色，效果如图 6-29 所示。

图 6-27　　　　　　　图 6-28　　　　　　　图 6-29

（18）选择"文本"工具 字，输入需要的文字。选择"选择"工具 ，在属性栏中选择合适的字体并设置文字大小。设置文字填充颜色的 CMYK 值为 0、100、100、50，填充文字，效果如图 6-30 所示。

（19）选择"文本"工具 字，输入需要的文字。选择"选择"工具 ，在属性栏中选择合适的字体并设置文字大小，填充文字为黑色，效果如图 6-31 所示。鸡肉卷宣传单制作完成。

图 6-30   图 6-31

6.1.4 【相关工具】

应用 CorelDRAW X6 的独特功能，可以轻松地创建出计算机字库中没有的汉字。下面介绍具体的创建方法。

选择"文本"工具 字，输入两个具有创建文字所需偏旁的汉字，如图 6-32 所示。选择"选择"工具 ，选取文字，如图 6-33 所示。按 Ctrl+Q 组合键将文字转换为曲线，效果如图 6-34 所示。

图 6-32   图 6-33   图 6-34

按 Ctrl+K 组合键将转换为曲线的文字打散。选择"选择"工具 ，选中所需偏旁，将其移动到创建文字的位置，如图 6-35 所示，进行组合的效果如图 6-36 所示。

图 6-35   图 6-36

组合好新文字后，选择"选择"工具 ，用圈选的方法选中新文字，如图 6-37 所示。再按 Ctrl+G 组合键将新文字组合，如图 6-38 所示。新文字制作完成，效果如图 6-39 所示。

图 6-37   图 6-38   图 6-39

6.1.5　【实战演练】制作儿童摄影宣传单

使用导入命令和图框精确剪裁命令制作背景，使用文本工具添加文字内容，使用转化为曲线命令编辑文字效果，使用贝塞尔工具、椭圆形工具和 2 点线工具绘制图形效果。（最终效果参看云盘中的"Ch06 > 效果 > 制作儿童摄影宣传单.cdr"，如图 6-40 所示。）

图 6-40

6.2　制作房地产宣传单

6.2.1　【案例分析】

本例是为一家房地产公司设计制作宣传单。这家房地产公司主要经营中高档住宅，住宅的环境优美。要求宣传单能够通过图片和宣传文字，以独特的设计角度，主题明确地展示房地产公司出售的住宅特色及优势。

6.2.2　【设计理念】

在设计制作过程中，使用优美的摄影照片为背景，使人感受到住宅的高端品质。文字整齐有序地排列在宣传单上，体现出该房地产公司严谨的经营特色。住宅平面图的展示，直观而具有说服力地展示了住宅的特征。在设计上突出广告语，点明宣传要点。（最终效果参看云盘中的"Ch06 > 效果 > 制作房地产宣传单.cdr"，如图 6-41 所示。）

图 6-41

6.2.3 【操作步骤】

（1）按 Ctrl+N 组合键，新建一个 A4 页面。按 Ctrl+I 组合键，弹出"导入"对话框。选择云盘中的"Ch06 > 素材 > 制作房地产宣传单 > 01"文件，单击"导入"按钮，在页面中单击导入图片，按 P 键，图片在页面中居中对齐，效果如图 6-42 所示。

（2）按 Ctrl+I 组合键，弹出"导入"对话框。选择云盘中的"Ch06 > 素材 > 制作房地产宣传单 > 02"文件，单击"导入"按钮，在页面中单击导入图片，并将其拖曳到适当的位置，效果如图 6-43 所示。按 Ctrl+U 组合键取消群组。

图 6-42　　　　　　　　　　　图 6-43

（3）按 Ctrl+I 组合键，弹出"导入"对话框。选择云盘中的"Ch06 > 素材 > 制作房地产宣传单 > 03"文件，单击"导入"按钮，在页面中单击导入图片，并将其拖曳到适当的位置，效果如图 6-44 所示。按 Ctrl+U 组合键取消群组。选择"选择"工具 ，选取需要的图形，如图 6-45 所示。按住 Shift 键的同时选取另一个图形，单击属性栏中的"对齐与分布"按钮 ，弹出"对齐与分布"面板，单击"顶端对齐"按钮 ，如图 6-46 所示，将图形顶端对齐，效果如图 6-47 所示。

图 6-44　　　　　　图 6-45　　　　　　图 6-46　　　　　　图 6-47

（4）按 Ctrl+I 组合键，弹出"导入"对话框。选择云盘中的"Ch06 > 素材 > 制作房地产宣传单 > 04"文件，单击"导入"按钮，在页面中单击导入图片，并将其拖曳到适当的位置，效果如图 6-48 所示。选择"选择"工具 ，按住 Shift 键的同时选取下方的矩形，如图 6-49 所示。单击属性栏中的"对齐与分布"按钮 ，弹出"对齐与分布"面板，选择"水平居中对齐"按钮 ，如图 6-50 所示，将图形水平居中对齐，效果如图 6-51 所示。

（5）选择"选择"工具 ，选取置入的图形，按数字键盘上的+键复制图形，将其拖曳到适当的位置，使其与下方的矩形居中对齐，效果如图 6-52 所示。

图 6-48　　　　　　图 6-49　　　　　　图 6-50　　　　　　图 6-51

（6）按 Ctrl+I 组合键，弹出"导入"对话框。选择云盘中的"Ch06 > 素材 > 制作房地产宣传
单 > 05"文件，单击"导入"按钮，在页面中单击导入图片，并将其拖曳到适当的位置，效果如图
6-53 所示。按 Ctrl+U 组合键取消群组。选择"排列 > 对齐和分布 > 右对齐"命令，图形的右对
齐效果如图 6-54 所示。

图 6-52　　　　　　　　图 6-53　　　　　　　　图 6-54

（7）按 Ctrl+I 组合键，弹出"导入"对话框。选择云盘中的"Ch06 > 素材 > 制作房地产宣传
单 > 06"文件，单击"导入"按钮，在页面中单击导入图片，并将其拖曳到适当的位置，效果如图
6-55 所示。按 Ctrl+U 组合键取消群组。选择"选择"工具 ，由下向上圈选两个置入的图形，如
图 6-56 所示。选择"排列 > 对齐和分布 > 右对齐"命令，图形的右对齐效果如图 6-57 所示。

图 6-55　　　　　　　图 6-56　　　　　　　图 6-57

（8）选择"选择"工具 ，由下向上圈选两个置入的图形，如图 6-58 所示。选择"排列 > 对
齐和分布 > 左对齐"命令，图形的左对齐效果如图 6-59 所示。

（9）选择"选择"工具 ，由下向上圈选两个置入的图形，如图 6-60 所示。选择"排列 > 对
齐和分布 > 顶端对齐"命令，图形的顶端对齐效果如图 6-61 所示。

（10）按 Ctrl+I 组合键，弹出"导入"对话框。选择云盘中的"Ch06 > 素材 > 制作房地产宣
传单 > 07"文件，单击"导入"按钮，在页面中单击导入图片，并将其拖曳到适当的位置，效果如
图 6-62 所示。按 Ctrl+U 组合键取消群组。选择"排列 > 对齐和分布 > 底端对齐"命令，图形的
底端对齐效果如图 6-63 所示。

图 6-58　　　　　　　　图 6-59　　　　　　　　图 6-60　　　　　　　　图 6-61

图 6-62　　　　　　　　　　　　　　图 6-63

（11）选择"平行度量"工具 ，将鼠标指针移动到平面图左侧墙体的底部并单击，如图 6-64 所示，向右拖曳光标，如图 6-65 所示，将光标移动到平面图右侧墙体的底部后再次单击，如图 6-66 所示，然后将鼠标指针移动到线段中间，如图 6-67 所示，再次单击完成标注，效果如图 6-68 所示。选择"选择"工具 ，选取需要的文字，在属性栏中调整其字体大小，效果如图 6-69 所示。

图 6-64　　　　　　　　图 6-65　　　　　　　　图 6-66

图 6-67　　　　　　　　图 6-68　　　　　　　　图 6-69

（12）选择"选择"工具 ，选取需要的文字，将颜色设为白色，如图 6-70 所示。按 Esc 键取消图形的选取状态，选择"选择"工具 ，用圈选的方法将需要的图形同时选取，如图 6-71 所示。按 Ctrl+G 组合键将其群组，如图 6-72 所示。房地产宣传单制作完成，效果如图 6-73 所示。

图 6-70

图 6-71

图 6-72

图 6-73

6.2.4 【相关工具】

1. 对象的排序

在 CorelDRAW 中，绘制的图形对象都存在着重叠的关系，如果在绘图页面中的同一位置先后绘制两个不同的背景图形对象，后绘制的图形对象将位于先绘制图形对象的前方。使用 CorelDRAW 的排序功能可以安排多个图形对象的前后排序，也可以使用图层来管理图形对象。

在绘图页面中先后绘制几个不同的图形对象，如图 6-74 所示。使用"选择"工具 ，选择要进行排序的图形对象，效果如图 6-75 所示。

选择"排列 > 顺序"子菜单下的各个命令，可将已选择的图形对象排序，如图 6-76 所示。

图 6-74   图 6-75   图 6-76

选择"到图层前面"命令，可以将背景图形从当前层移动到绘图页面中其他图形对象的前面，效果如图 6-77 所示。按 Shift+PageUp 组合键，也可以完成这个操作。

选择"到图层后面"命令，可以将背景图形从当前层移动到绘图页面中其他图形对象的后面，效果如图 6-78 所示。按 Shift+PageDown 组合键，也可以完成这个操作。

选择"向前一层"命令，可以将选定的背景图形从当前位置向前移动一个图层，效果如图 6-79 所示。按 Ctrl+PageUp 组合键，也可以完成这个操作。

图 6-77   图 6-78   图 6-79

　　选择"向后一层"命令，可以将选定的图形从当前位置向后移动一个图层，效果如图 6-80 所示。按 Ctrl+PageDown 组合键，也可以完成这个操作。

　　选择"置于此对象前"命令，可以将选择的图形放置到指定图形对象的前面。选择"置于此对象前"命令后，鼠标的光标变为黑色箭头，使用黑色箭头单击指定的图形对象，如图 6-81 所示。图形被放置到指定的图形对象的前面，效果如图 6-82 所示。

图 6-80　　　　　　　　　图 6-81　　　　　　　　　图 6-82

　　选择"置于此对象后"命令，可以将选择的图形放置到指定图形对象的后面。选择"置于此对象后"命令后，鼠标的光标变为黑色箭头，使用黑色箭头单击指定的图形对象，如图 6-83 所示。图形被放置到指定的图形对象的后面，效果如图 6-84 所示。

图 6-83　　　　　　　　　　　图 6-84

2. 群组

　　绘制几个图形对象，选择"选择"工具 ，选中要进行群组的图形对象，如图 6-85 所示。选择"排列 > 群组"命令，或按 Ctrl+G 组合键，或单击属性栏中的"群组"按钮 ，都可以将多个图形对象群组，效果如图 6-86 所示。按住 Ctrl 键，选择"选择"工具 ，单击需要选取的子对象，松开 Ctrl 键，子对象被选取，效果如图 6-87 所示。子对象可以是单个的对象，也可以是多个对象组成的群组。

图 6-85　　　　　　　　　图 6-86　　　　　　　　　图 6-87

　　群组后的图形对象变成一个整体，移动一个对象，其他对象将会随之移动；填充一个对象，其他对象也将随之被填充。

　　选择"排列 > 取消群组"命令，或按 Ctrl+U 组合键，或单击属性栏中的"取消群组"按钮 ，可以取消对象的群组状态。选择"排列 > 取消全部群组"命令，或单击属性栏中的"取消全部群组"按钮 ，可以取消对所有对象的群组状态。

> **知识提示**
> 在群组中，子对象可以是单个对象，也可以是多个对象组成的群组，称为群组的嵌套。使用群组的嵌套可以管理多个对象之间的关系。

3．结合

绘制几个图形对象，如图 6-88 所示。使用"选择"工具 选中要进行结合的图形对象，如图 6-89 所示。

图 6-88   图 6-89

选择"排列 > 合并"命令，或按 Ctrl+L 组合键，或单击属性栏中的"合并"按钮 ，可以将多个图形对象结合，效果如图 6-90 所示。

使用"形状"工具 选中结合后的图形对象，可以对图形对象的节点进行调整，改变图形对象的形状，效果如图 6-91 所示。

图 6-90   图 6-91

选择"排列 > 拆分曲线"命令，或按 Ctrl+K 组合键，或单击属性栏中的"拆分"按钮 ，可以取消图形对象的结合状态，原来结合的图形对象将变为多个单独的图形对象。

> **知识提示**
> 如果对象结合前有颜色填充，那么结合后的对象将显示最后选取对象的颜色。如果使用圈选的方法选取对象，将显示圈选框最下方对象的颜色。

6.2.5 【实战演练】制作糕点宣传单

使用矩形工具、贝塞尔工具和图框精确剪裁命令制作底图，使用星形工具、椭圆形工具、修改命令和文字工具制作标志图形，使用矩形工具、图框精确剪裁、星形工具和贝塞尔工具制作糕点宣传栏。（最终效果参看云盘中的"Ch06 > 效果 > 制作糕点宣传单.cdr"，如图 6-92 所示。）

扫码观看　　　扫码观看　　　扫码观看　　　扫码观看
本案例视频（1）　本案例视频（2）　本案例视频（3）　本案例视频（4）

图 6-92

6.3　综合演练——制作时尚鞋宣传单

6.3.1　【案例分析】

本案例是为柯乐集团设计制作时尚鞋专卖折扣宣传单。鞋是人们必不可少的日常生活用品，同时也是突显个性、展示个人魅力的重要工具。柯乐是具有品质的鞋品牌，宣传单设计要求符合品牌定位和销售特点。

6.3.2　【设计理念】

在设计制作过程中，浅色的背景与前方深色的产品和颜色块搭配，起到衬托的作用，突出宣传的主体；倾斜的色块和文字巧妙地将版面分割开来，展现力度与时尚的美感，体现独具特色的品位，同时增加了画面的活泼感和趣味性；产品主体与宣传文字的巧妙结合，让人一目了然、印象深刻。

6.3.3　【知识要点】

使用矩形工具、贝塞尔工具和图框精确剪裁命令制作背景效果，使用椭圆形工具、贝塞尔工具、渐变工具和文字工具制作标志，使用导入命令导入素材图片，使用文本工具添加文字。（最终效果参看云盘中的"Ch06 > 效果 > 制作时尚鞋宣传单.cdr"，如图 6-93 所示。）

扫码观看
本案例视频

图 6-93

6.4　综合演练——制作旅游宣传单

6.4.1　【案例分析】

本案例是为旅游网站设计制作宣传单。该网站主要介绍的是旅行的相关景区、旅游攻略、优惠信息等。在设计上要求体现丰富多彩的旅行生活和优惠多样的旅行攻略。

6.4.2　【设计理念】

在设计制作过程中，使用风景照片作为背景，在突出宣传特色的同时衬托前方的宣传信息，引起人们的向往之情；红色倾斜的攻略背景醒目突出，同时营造出热烈、奔放的氛围。文字的设计虚实搭配，在突出宣传主题的同时，增强了视觉效果。

6.4.3　【知识要点】

使用矩形工具绘制红色攻略背景，使用文本工具和修剪命令添加镂空的宣传文字，使用文本工具添加内容文字。（最终效果参看云盘中的"Ch06 > 效果 > 制作旅游宣传单.cdr"，如图 6-94 所示。）

图 6-94

07 第 7 章 海报设计

海报是广告艺术中的一种大众化载体，又名"招贴"或"宣传画"。由于海报具有尺寸大、远视性强、艺术性高的特点，因此，在宣传媒介中占有重要的位置。本章以各种不同主题的海报为例，讲解海报的设计方法和制作技巧。

课堂学习目标

✔ 掌握海报的设计思路和过程
✔ 掌握海报的制作方法和技巧

7.1 制作房地产海报

7.1.1 【案例分析】

本案例是为一家房地产公司设计制作宣传海报，公司的新楼房即将开盘，想要进行宣传，要求围绕"大城市小爱情"这一主题进行宣传制作，画面温馨，能够表现宣传主题。

7.1.2 【设计理念】

在设计制作中，首先使用浅色的背景营造出温馨舒适的环境，起到衬托画面主体的作用。清新独立的楼房图案搭配花边进行装饰，增加了画面的活泼感，拉近楼房与人们的距离。文字的设计清晰明了、醒目突出，让人一目了然、印象深刻。（最终效果参看云盘中的"Ch07 > 效果 > 制作房地产海报.cdr"，如图7-1所示。）

图 7-1

7.1.3 【操作步骤】

1. 制作背景效果

（1）按 Ctrl+N 组合键，新建一个页面。在属性栏中的"页面度量"选项中分别设置宽度为 300mm、高度为 400mm，按 Enter 键，页面尺寸显示为设置的大小。

（2）双击"矩形"工具▢，绘制一个与页面大小相等的矩形，设置图形填充颜色的 CMYK 值为 0、5、10、0，填充图形，并去除图形的轮廓线，效果如图7-2 所示。

（3）选择"文件 > 导入"命令，弹出"导入"对话框。选择云盘中的"Ch07 > 素材 > 制作房地产海报 > 01"文件，单击"导入"按钮，在页面中单击导入图片，将其拖曳到适当的位置，效果如图7-3 所示。

（4）选择"选择"工具▨，选取需要的图形，选择"效果 > 图框精确剪裁 > 置入图文框内部"命令，鼠标的光标变为黑色箭头形状，在矩形上单击鼠标左键，如图7-4 所示，将图片置入矩形中，效果如图7-5 所示。

扫码观看
本案例视频

| 图 7-2 | 图 7-3 | 图 7-4 | 图 7-5 |

（5）选择"矩形"工具 ▢，在页面中绘制一个矩形，如图 7-6 所示。按 Ctrl+Q 组合键，将矩形转化为曲线。选择"形状"工具 ⬚，选取需要的节点，向下拖曳节点，如图 7-7 所示。设置图形填充颜色的 CMYK 值为 0、40、60、40，填充图形，并去除图形的轮廓线，效果如图 7-8 所示。

（6）选择"矩形"工具 ▢，在页面中绘制一个矩形，设置图形填充颜色的 CMYK 值为 0、40、60、60，填充图形，并去除图形的轮廓线，效果如图 7-9 所示。

| 图 7-6 | 图 7-7 | 图 7-8 | 图 7-9 |

2. 制作宣传语

（1）选择"文本"工具 字，在页面中输入需要的文字。选择"选择"工具 ⬚，在属性栏中选择适当的字体并设置文字大小，效果如图 7-10 所示。保持文字的选取状态，再次单击文字，使其处于旋转状态，向右拖曳上方中间的控制手柄到适当的位置，将文字倾斜，效果如图 7-11 所示。

扫码观看
本案例视频

图 7-10

图 7-11

（2）按 Ctrl+Q 组合键，将矩形转化为曲线，效果如图 7-12 所示。选择"形状"工具 ，选取所需节点，拖曳节点到适当的位置，效果如图 7-13 所示。

图 7-12

图 7-13

（3）用相同方法调整其他节点，效果如图 7-14 所示。选择"选择"工具 ，圈选需要的文字，按 Ctrl+G 组合键，将文字群组。选择"文本"工具 字，在页面中分别输入需要的文字。选择"选择"工具 ，在属性栏中分别选择适当的字体并设置文字大小，效果如图 7-15 所示。

图 7-14

图 7-15

3．制作标志图形

（1）选择"矩形"工具 ，在页面中绘制一个矩形，设置图形填充颜色的 CMYK 值为 0、20、40、40，填充图形，并去除图形的轮廓线，效果如图 7-16 所示。选择"星形"工具 ，在属性栏中的设置如图 7-17 所示，绘制一个三角形，如图 7-18 所示。

扫码观看
本案例视频

图 7-16

图 7-17

图 7-18

（2）按 F12 键，弹出"轮廓笔"对话框，在"颜色"选项中设置轮廓线颜色的 CMYK 值为 60、73、100、36，其他选项的设置如图 7-19 所示。单击"确定"按钮，效果如图 7-20 所示。

图 7-19

图 7-20

（3）选择"选择"工具 ⬚，选取绘制的三角形，拖曳到适当的位置，单击鼠标右键，复制图形，效果如图 7-21 所示。连续按 Ctrl+D 组合键，连续复制图形，效果如图 7-22 所示。

图 7-21　　　　　　　　　　　　图 7-22

（4）选择"选择"工具 ⬚，圈选所有绘制的三角形，按 Ctrl+G 组合键，将三角形群组，将群组的图形拖曳至需要的位置，单击鼠标右键，复制图形，效果如图 7-23 所示。

（5）用"步骤（3）~步骤（4）"所述方法绘制其他图形，并填充适当的轮廓线颜色，效果如图 7-24 所示。

图 7-23　　　　　　　　　　　　图 7-24

（6）选择"选择"工具 ⬚，选取所需的图形，如图 7-25 所示。选择"效果 > 图框精确剪裁 > 置入图文框内部"命令，鼠标的光标变为黑色箭头形状，在矩形上单击鼠标左键，如图 7-26 所示，将图片置入矩形中，效果如图 7-27 所示。

图 7-25　　　　　　　图 7-26　　　　　　　图 7-27

（7）选择"文本"工具 字，在页面中输入需要的文字。选择"选择"工具 ⬚，在属性栏中选择适当的字体并设置文字大小，设置文字填充颜色的 CMYK 值为 0、0、20、0，填充文字，效果如图 7-28 所示。用相同方法添加其他文字，效果如图 7-29 所示。

图 7-28　　　　　　　　　　　　图 7-29

（8）选择"文本"工具 字，在页面中输入需要的文字。选择"选择"工具 ⬚，在属性栏中选择适当的字体并设置文字大小，效果如图 7-30 所示。用相同方法添加其他文字，效果如图 7-31 所示。

图 7-30

图 7-31

（9）选择"矩形"工具 □，在页面中绘制一个矩形，填充图形为黑色，并去除图形的轮廓线，效果如图 7-32 所示。选择"选择"工具 ▣，圈选需要的图形和文字，按 Ctrl+G 组合键，将图形和文字群组，效果如图 7-33 所示。

图 7-32

图 7-33

4．添加其他介绍文字

（1）选择"贝塞尔"工具 ✎，绘制一个不规则图形，设置图形填充颜色的 CMYK 值为 0、100、100、20，填充图形，并去除图形的轮廓线，效果如图 7-34 所示。再次绘制一个不规则图形，如图 7-35 所示。

扫码观看
本案例视频

图 7-34

图 7-35

（2）按 F11 键，弹出"渐变填充"对话框，选择"双色"单选项，将"从"选项颜色的 CMYK 值设为 0、100、100、80，"到"选项颜色的 CMYK 值设为 0、100、100、50，其他选项的设置如图 7-36 所示，单击"确定"按钮，填充图形，并去除图形的轮廓线，效果如图 7-37 所示。选择"排列 > 顺序 > 向后一层"命令，调整图形顺序，效果如图 7-38 所示。

（3）选择"文本"工具 字，在页面中分别输入需要的文字。选择"选择"工具 ▣，在属性栏中分别选择适当的字体并设置文字大小，填充文字为白色，效果如图 7-39 所示。将文字同时选取，再次单击文字，使其处于旋转状态，向右拖曳上方中间的控制手柄到适当的位置，倾斜文字，效果如图 7-40 所示。

（4）选择"选择"工具 ▣，选取上方的文字。选择"文本 > 文本属性"命令，弹出"文本属性"面板，设置如图 7-41 所示，按 Enter 键，效果如图 7-42 所示。

（5）选择"文本"工具 字，选取需要的文字，如图 7-43 所示。设置文字填充颜色的 CMYK 值为 0、0、100、0，填充文字，效果如图 7-44 所示。

图 7-36　　　　　　　图 7-37　　　　　　　图 7-38

图 7-39　　　　　　　　　　　图 7-40

图 7-41　　　　　　　　图 7-42

图 7-43　　　　　　　　　图 7-44

（6）选择"选择"工具 ，选取所需文字，效果如图 7-45 所示。在属性栏中将"旋转角度"
设为 5.4，旋转文字，效果如图 7-46 所示。

图 7-45　　　　　　　　　图 7-46

（7）按 Ctrl+I 组合键，弹出"导入"对话框，选择云盘中的"Ch07 > 素材 > 制作房地产海报 > 02"文件，单击"导入"按钮，在页面中单击导入图片，将其拖曳到适当的位置并调整其大小，如图 7-47 所示。

（8）选择"选择"工具 ，选取导入的图片，拖曳到适当的位置并单击鼠标右键，复制图片，效果如图 7-48 所示。在属性栏中将"旋转角度" 设为 7.8，旋转图形，效果如图 7-49 所示。

图 7-47   图 7-48   图 7-49

（9）选择"贝塞尔"工具 ，绘制一个不规则图形，设置图形填充颜色的 CMYK 值为 0、100、100、20，填充图形，并去除图形的轮廓线，效果如图 7-50 所示。用相同的方法分别绘制其他图形，并分别填充适当的颜色，效果如图 7-51 所示。

（10）选择"选择"工具 ，选取需要的图形，如图 7-52 所示。连续按两次 Ctrl+PageDown 组合键，调整图层顺序，效果如图 7-53 所示。选择"选择"工具 ，圈选需要的图形，按 Ctrl+G 组合键，将图形群组，效果如图 7-54 所示。

图 7-50   图 7-51   图 7-52   图 7-53   图 7-54

（11）选择"文本"工具 ，在页面中输入需要的文字。选择"选择"工具 ，在属性栏中选择适当的字体并设置文字大小，填充文字为白色，效果如图 7-55 所示。

（12）选择"文本"工具 ，在页面中输入需要的文字。选择"选择"工具 ，在属性栏中选择适当的字体并设置文字大小，设置文字填充颜色的 CMYK 值为 0、100、100、20，填充文字，效果如图 7-56 所示。

图 7-55   图 7-56

（13）选择"选择"工具 ，再次选取文字，使文字处于旋转状态，向右拖曳上方中间的控制手柄到适当的位置，将文字倾斜，效果如图 7-57 所示。用相同方法添加其他文字，效果如图 7-58 所示。

图 7-57　　　　　　　　　　　　　　　　图 7-58

（14）选择"选择"工具 ，选取文字和图形，按 Ctrl+G 组合键，将图形和文字群组，效果如图 7-59 所示。在属性栏中将"旋转角度" 设为 4.4，旋转图形，效果如图 7-60 所示。

（15）用"步骤（12）～步骤（14）"所述方法添加其他文字，效果如图 7-61 所示。

（16）选择"文本"工具 ，在页面中输入需要的文字。选择"选择"工具 ，在属性栏中选择适当的字体并设置文字大小，设置文字填充颜色的 CMYK 值为 0、0、20、0，填充文字。将输入的两行文字选取，选择"排列 > 对齐和分布 > 右对齐"命令，对齐文字，效果如图 7-62 所示。房地产海报制作完成。

图 7-59　　　　　　　　　　　　　　　　图 7-60

图 7-61　　　　　　　　　　　　　　　　图 7-62

7.1.4 【相关工具】

1. 插入字符

选择"文本"工具 ，在文本中需要的位置单击鼠标左键插入光标，如图 7-63 所示。选择"文本 > 插入符号字符"命令，或按 Ctrl+F11 组合键，弹出"插入字符"泊坞窗，在需要的字符上双击鼠标左键，或选中字符后单击"插入"按钮，如图 7-64 所示，插入字符到文本中，效果如图 7-65 所示。

2. 使用调和效果

交互式调和工具是 CorelDRAW X6 中应用最广泛的工具之一。制作出的调和效果可以在绘图对象间产生形状、颜色的平滑变化。

图 7-63   图 7-64   图 7-65

  绘制两个需要制作调和效果的图形，如图 7-66 所示。选择"调和"工具 ，将鼠标的光标置于左边的图形上，鼠标的光标变为 ，按住鼠标左键并拖曳光标到右边的图形上，如图 7-67 所示，释放鼠标左键，两个图形的调和效果如图 7-68 所示。

图 7-66   图 7-67   图 7-68

  "交互式调和"工具 的属性栏如图 7-69 所示。各设置项的含义如下。

图 7-69

  "调和步长"设置项 ：可以设置调和的步数，效果如图 7-70 所示。

  "调和方向" 设置项 ：可以设置调和的旋转角度，效果如图 7-71 所示。

图 7-70   图 7-71

  "环绕调和"按钮 ：调和的图形除了自身旋转外，将同时以起点图形和终点图形的中间位置为旋转中心作旋转分布，如图 7-72 所示。

  "直接调和"按钮 、"顺时针调和"按钮 、"逆时针调和"按钮 ：设定调和对象之间颜色过渡的方向，效果如图 7-73 所示。

           （a）顺时针调和   （b）逆时针调和

图 7-72   图 7-73

"对象和颜色加速"按钮：调整对象和颜色的加速属性。单击此按钮弹出图 7-74 所示的对话框，拖曳滑块到需要的位置，对象加速调和效果如图 7-75 所示，颜色加速调和效果如图 7-76 所示。

图 7-74　　　　　　　　图 7-75　　　　　　　　图 7-76

"调整加速大小"按钮：可以控制调和的加速属性。

"起始和结束属性"按钮：可以显示或重新设定调和的起始及终止对象。

"路径属性"按钮：使调和对象沿绘制好的路径分布。单击此按钮弹出图 7-77 所示的菜单，选择"新路径"选项，鼠标的光标变为，如图 7-78 所示。在新绘制的路径上单击鼠标右键，沿路径进行调和的效果如图 7-79 所示。

图 7-77　　　　　　　　图 7-78　　　　　　　　图 7-79

"更多调和选项"按钮：可以进行更多的调和设置。单击此按钮弹出图 7-80 所示的菜单。"映射节点"按钮可指定起始对象的某一节点与终止对象的某一节点对应，以产生特殊的调和效果。"拆分"按钮可将过渡对象分割成独立的对象，并可与其他对象再次进行调和。勾选"沿全路径调和"复选项，可以使调和对象自动充满整个路径。勾选"旋转全部对象"复选项，可以使调和对象的方向与路径一致。

图 7-80

3. 制作透明效果

使用"透明度"工具可以制作出均匀、渐变、图案和底纹等许多漂亮的透明效果。

选择"选择"工具，选择上方的图形，如图 7-81 所示。选择"透明度"工具，在属性栏的"透明度类型"下拉列表中选择一种透明度类型，如图 7-82 所示，图形透明效果如图 7-83 所示。

图 7-81　　　　　　　　图 7-82　　　　　　　　图 7-83

透明度属性栏中各选项的含义如下。

"透明度类型"选项 标准 ▼ 、"透明度样式"选项 常规 ▼ ：选择透明度类型和透明度样式。

"开始透明度"选项 ⊢─┤ 53 ：拖曳滑块或直接输入数值，可以改变对象的透明度。

"透明度目标"选项 ▣全部 ▼ ：设置应用透明度到"填充""轮廓"或"全部"效果。

"编辑透明度"按钮 ▣ ：打开"渐变透明度"对话框，可以对渐变透明度进行具体的设置。

"冻结透明度"按钮 ✦ ：进一步调整透明度。

"复制透明度属性"按钮 ▣ ：可以复制对象的透明效果。

"清除透明度"按钮 ▣ ：可以清除对象的透明效果。

7.1.5 【实战演练】制作 MP3 宣传海报

使用"矩形"工具、"透明度"工具和图框精确剪裁命令制作背景效果，使用"文本"工具和"轮廓笔"工具添加标题文字，使用垂直镜像按钮和"透明度"工具制作 MP3 投影效果，使用"添加符号字符"命令添加装饰图形。（最终效果参看云盘中的"Ch07 > 效果 > 制作 MP3 宣传海报.cdr"，如图 7-84 所示。）

扫码观看
本案例视频

图 7-84

7.2 制作冰淇淋海报

7.2.1 【案例分析】

冰淇淋是许多人喜爱的食物，它口感顺滑美味，清凉爽口，是夏天的首选冷饮。本案例是为某冰淇淋品牌制作宣传海报，要求展现青春活泼的产品特点。

7.2.2 【设计理念】

在设计制作过程中，使用粉红色的背景营造出浪漫、温馨的氛围，拉近食物与人们的距离，食物融化的设计给人甜蜜的感觉；不同产品的展示在突出产品丰富种类的同时，能引发人们的食欲，达到宣传的目的；冰蓝色的艺术宣传文字醒目突出，给人以冰爽的感觉。整幅海报色彩丰富，主题突出，充满诱惑力。（最终效果参看云盘中的"Ch07 > 效果 > 制作冰淇淋海报.cdr"，如图 7-85 所示。）

图 7-85

7.2.3 【操作步骤】

（1）按 Ctrl+N 组合键，新建一个页面。在属性栏的"页面度量"选项中分别设置宽度为 130mm、高度为 180mm，按 Enter 键，页面尺寸显示为设置的大小。按 Ctrl+I 组合键，弹出"导入"对话框，选择云盘中的"Ch07 > 素材 > 制作冰淇淋海报 > 01、04"文件，单击"导入"按钮，在页面中分别单击导入图片，调整其大小，并拖曳到适当的位置，效果如图 7-86 所示。

（2）按 Ctrl+I 组合键，弹出"导入"对话框，选择云盘中的"Ch07 > 素材 > 制作冰淇淋海报 > 02"文件，单击"导入"按钮，在页面中单击导入图片，如图 7-87 所示。

（3）按 Ctrl+U 组合键，取消群组。选择"选择"工具 ，选取需要的图形，如图 7-88 所示。拖曳到适当的位置，并调整其大小，效果如图 7-89 所示。用相同的方法拖曳其他图形到适当的位置，并调整其大小和角度，效果如图 7-90 所示。

图 7-86　　　　　图 7-87　　　　　图 7-88　　　　　图 7-89　　　　　图 7-90

（4）选择"钢笔"工具 ，在适当的位置绘制一个图形，设置图形填充颜色的 CMYK 值为 1、89、13、0，填充图形。填充轮廓色为白色，在属性栏中的"轮廓宽度"设置栏 中设置数值为 2mm，按 Enter 键，效果如图 7-91 所示。

（5）选择"矩形"工具 ，在适当的位置绘制一个矩形，如图 7-92 所示。设置图形填充颜色的 CMYK 值为 7、81、2、0，填充图形，并去除图形的轮廓线，效果如图 7-93 所示。

（6）选择"矩形"工具 ，再绘制一个矩形，如图 7-94 所示。设置图形填充颜色的 CMYK 值为 33、87、10、0，填充图形，并去除图形的轮廓线，效果如图 7-95 所示。

图 7-91   图 7-92   图 7-93

图 7-94   图 7-95

（7）选择"选择"工具 ▏，再次单击矩形图形，使其处于旋转状态，如图 7-96 所示。向右拖曳上方中间的控制手柄到适当的位置，倾斜图形，效果如图 7-97 所示。用同样的方法制作出图 7-98 所示的效果。

图 7-96   图 7-97   图 7-98

（8）选择"调和"工具 ▏，在两个矩形之间拖曳鼠标，如图 7-99 所示，在属性栏中进行图 7-100 所示的设置，按 Enter 键，效果如图 7-101 所示。用上述方法制作其他图形效果，如图 7-102 所示。

图 7-99   图 7-100

图 7-101   图 7-102

（9）选择"选择"工具 ▏，用圈选的方法将需要的图形同时选取，如图 7-103 所示。选择"效果 > 图框精确剪裁 > 置于图文框内部"命令，鼠标指针变为黑色箭头，在页面上方矩形上单击，如图 7-104 所示，将图形置入矩形中，如图 7-105 所示。

图 7-103　　　　　　　　图 7-104　　　　　　　　图 7-105

（10）按 Ctrl+I 组合键，弹出"导入"对话框，选择云盘中的"Ch07 > 素材 > 制作冰淇淋海报 > 03"文件，单击"导入"按钮，在页面中单击导入图片，将其拖曳到适当的位置，效果如图 7-106 所示。连续按 Ctrl+PageDown 组合键，将其后移，效果如图 7-107 所示。

（11）用圈选的方法将需要的图形同时选取，如图 7-108 所示。按 Ctrl+G 组合键，将其群组。双击"矩形"工具 □，绘制一个与页面大小相等的矩形。按 Shift+PageUp 组合键，将其置于图层前面，如图 7-109 所示。

图 7-106　　　　　图 7-107　　　　　图 7-108　　　　　图 7-109

（12）选择"选择"工具 ⬚，将需要的图形同时选取，如图 7-110 所示。选择"对象 > 图框精确剪裁 > 置于图文框内部"命令，鼠标指针变为黑色箭头，在矩形上单击，如图 7-111 所示，将群组对象置入矩形中，并去除矩形的轮廓线，如图 7-112 所示。

（13）按 Ctrl+I 组合键，弹出"导入"对话框，选择云盘中的"Ch07 > 素材 > 制作冰淇淋海报 > 05、06"文件，单击"导入"按钮，在页面中分别单击导入图片，将其拖曳到适当的位置，效果如图 7-113 所示。

图 7-110　　　　　图 7-111　　　　　图 7-112　　　　　图 7-113

（14）选择"文本"工具 字，在页面中输入需要的文字，选择"选择"工具 ⬚，在属性栏中选取适当的字体并设置文字大小，填充文字为白色，效果如图 7-114 所示。选择"文本"工具 字，选取需要的文字，如图 7-115 所示，在属性栏中设置适当的文字大小，效果如图 7-116 所示。

图 7-114　　　　　　　　　　图 7-115　　　　　　　　　　图 7-116

（15）选择"轮廓图"工具，在文字上拖曳指针到适当的位置，如图 7-117 所示。在属性栏中将"填充色"选项的 CMYK 的值设为 39、100、43、0，其他选项的设置如图 7-118 所示，按 Enter 键，效果如图 7-119 所示。按 Ctrl+K 组合键，拆分轮廓对象。按 Ctrl+U 组合键，取消群组。

图 7-117　　　　　　　　　　图 7-118　　　　　　　　　　图 7-119

（16）选择"选择"工具，选取需要的图形，如图 7-120 所示。设置图形填充颜色的 CMYK 值为 0、92、8、0，填充图形，效果如图 7-121 所示。用圈选的方法将需要的图形同时选取，如图 7-122 所示。按 Ctrl+G 组合键，将其群组。

图 7-120　　　　　　　　　　图 7-121　　　　　　　　　　图 7-122

（17）选择"文本"工具，在页面中输入需要的文字，选择"选择"工具，在属性栏中选取适当的字体并设置文字大小，填充文字为白色，效果如图 7-123 所示。

（18）选择"轮廓图"工具，在文字上拖曳光标，为文字添加轮廓图效果。在属性栏中将"填充色"选项的 CMYK 的值设为 39、100、43、0，其他选项的设置如图 7-124 所示，按 Enter 键，效果如图 7-125 所示。按 Ctrl+K 组合键，拆分轮廓对象。按 Ctrl+U 组合键，取消群组。

图 7-123　　　　　　　　　　图 7-124　　　　　　　　　　图 7-125

（19）选择"选择"工具 ，选取需要的图形，如图 7-126 所示。设置图形填充颜色的 CMYK 值为 0、92、8、0，填充图形，效果如图 7-127 所示。用圈选的方法将需要的图形同时选取，如图 7-128 所示。按 Ctrl+G 组合键，将其群组。

图 7-126　　　　　　　　　　　图 7-127　　　　　　　　　　　图 7-128

（20）在群组图形上单击鼠标左键，使其处于旋转状态，如图 7-129 所示，向下拖曳群组图形左上方的控制手柄到适当的位置，将其旋转，并将图形拖曳到适当的位置，效果如图 7-130 所示。用相同的方法制作其他文字效果，如图 7-131 所示。冰淇淋海报制作完成。

图 7-129　　　　　　　　　　　图 7-130　　　　　　　　　　　图 7-131

7.2.4 【相关工具】

1. 精确剪裁效果

打开一张图片，再绘制一个图形作为容器对象。使用"选择"工具 ，选中要用来内置的图形，如图 7-132 所示。

图 7-132

选择"效果 > 图框精确剪裁 > 置于图文框内部"命令，鼠标指针变为黑色箭头，将箭头置于容器对象内并单击，如图 7-133 所示，完成的精确剪裁对象效果如图 7-134 所示。内置图形的中心和容器对象的中心是重合的。

图 7-133 图 7-134

选择"效果 > 图框精确剪裁 > 提取内容"命令，可以将容器对象的内置位图提取出来。选择
"效果 > 图框精确剪裁 > 编辑 PowerClip"命令，可以修改内置对象。选择"效果 > 图框精确剪
裁 > 结束编辑"命令，完成内置位图的重新选择。选择"效果 > 复制效果 > 图框精确剪裁"命令，
鼠标指针变为黑色箭头，将箭头放在精确剪裁对象上并单击，可复制内置对象。

2．调整亮度、对比度和强度

打开一个要调整色调的图形，如图 7-135 所示。选择"效果 > 调整 > 亮度/对比度/强度"命
令，或按 Ctrl+B 组合键，弹出"亮度/对比度/强度"对话框，用光标拖曳滑块可以设置各项的数值，
如图 7-136 所示，调整好后，单击"确定"按钮，图形色调的调整效果如图 7-137 所示。

图 7-135 图 7-136 图 7-137

"亮度"选项：可以调整图形颜色的深浅变化，也就是增加或减少所有像素值的色调范围。

"对比度"选项：可以调整图形颜色的对比，也就是调整最浅和最深像素值之间的差。

"强度"选项：可以调整图形浅色区域的亮度，同时不降低深色区域的亮度。

"预览"按钮：可以预览色调的调整效果。

"重置"按钮：可以重新调整色调。

3．调整颜色通道

打开一个要调整色调的图形，效果如图 7-138 所示。选择"效果 > 调整 > 颜色平衡"命令，
或按 Ctrl+Shift+B 组合键，弹出"颜色平衡"对话框，用光标拖曳滑块可以设置各项的数值，如图
7-139 所示。调整好后，单击"确定"按钮，图形色调的调整效果如图 7-140 所示。

图 7-138 图 7-139 图 7-140

在对话框的"范围"设置区中有 4 个复选框，可以共同或分别设置对象的颜色调整范围。

"阴影"复选框：可以对图形阴影区域的颜色进行调整。

"中间色调"复选框：可以对图形中间色调的颜色进行调整。

"高光"复选框：可以对图形高光区域的颜色进行调整。

"保持亮度"复选框：可以在对图形进行颜色调整的同时保持图形的亮度。

"青—红"选项：可以在图形中添加青色和红色。向右移动滑块将添加红色，向左移动滑块将添加青色。

"品红—绿"选项：可以在图形中添加品红色和绿色。向右移动滑块将添加绿色，向左移动滑块将添加品红色。

"黄—蓝"选项：可以在图形中添加黄色和蓝色。向右移动滑块将添加蓝色，向左移动滑块将添加黄色。

4. 调整色度、饱和度和亮度

打开一个要调整色调的图形，如图 7-141 所示。选择"效果 > 调整 > 色度/饱和度/亮度"命令，或按 Ctrl+Shift+U 组合键，弹出"色度/饱和度/亮度"对话框，用光标拖曳滑块可以设置其数值，如图 7-142 所示。调整好后，单击"确定"按钮，图形色调的调整效果如图 7-143 所示。

图 7-141　　　　　　　　　　　　　　图 7-142　　　　　　　　　　　　图 7-143

"通道"选项组：可以选择要调整的主要颜色。

"色度"选项：可以改变图形的颜色。

"饱和度"选项：可以改变图形颜色的深浅程度。

"亮度"选项：可以改变图形的明暗程度。

7.2.5 【实战演练】制作数码相机海报

使用"矩形"工具、"椭圆形"工具、"调和"工具和"图框精确剪裁"命令制作背景，使用"椭圆形"工具、"合并"按钮和移除前面对象按钮制作镜头图形，使用"透明度"工具制作剪切图形的透明效果，使用"文本"工具添加相关信息。（最终效果参看云盘中的"Ch07 > 效果 > 制作数码相机海报.cdr"，如图 7-144 所示。）

图 7-144

扫码观看
本案例视频（1）

扫码观看
本案例视频（2）

扫码观看
本案例视频（3）

7.3 综合演练——制作街舞大赛海报

7.3.1 【案例分析】

本案例是为即将开展的街舞大赛设计制作宣传海报。本次赛事主要是以街舞为主题来表现舞蹈这种艺术形式。海报要求通过图片和文字的艺术设计，表现出强烈的号召力和舞蹈艺术的感染力。

7.3.2 【设计理念】

在设计制作过程中，先从背景入手，通过渐变的黑白方框背景图增加画面的立体感；通过对广告语的艺术编排点明主题；通过灵活设计和编排的文字展现出舞蹈大赛的相关信息。整个海报设计年轻时尚，活力四射。

7.3.3 【知识要点】

使用"文本"工具和"形状"工具添加并调整文字，使用"渐变"工具填充文字，使用"椭圆形"工具绘制装饰圆形，使用"形状"工具和"转换为曲线"命令编辑宣传语，使用"轮廓图"工具和"阴影"工具制作宣传语立体效果。（最终效果参看云盘中的"Ch07 > 效果 > 制作街舞大赛海报.cdr"，如图 7-145 所示。）

图 7-145

扫码观看
本案例视频

扫码观看
本案例视频

7.4 综合演练——制作夜吧海报

7.4.1 【案例分析】

本案例是为某时尚音乐吧设计制作活动宣传海报，以"舞动之夜"为活动主题，要求海报设计能够通过对图片和宣传文字的艺术加工表现出活动的主要特点和功能特色。

7.4.2 【设计理念】

在设计制作过程中，首先使用银灰色的背景增强画面的神秘感，搭配不同的光影，形成朦胧的氛围；城市和人物剪影的添加增添了热烈狂放的气氛，形成画面的视觉中心，突出宣传的主体；文字的运用主次分明，让人一目了然。整体设计醒目直观，宣传性强。

7.4.3 【知识要点】

使用"矩形"工具和"图框精确剪裁"命令制作背景，使用"文字"工具和"艺术笔"工具绘制装饰花图形，使用"文本"工具和"形状"工具添加标题文字，使用"贝塞尔"工具、"多边形"工具、"矩形"工具和"文本"工具制作标志。（最终效果参看云盘中的"Ch07 > 效果 > 制作夜吧海报.cdr"，如图 7-146 所示。）

图 7-146

扫码观看
本案例视频（1）

扫码观看
本案例视频（2）

08 第 8 章
广告设计

广告以多样的形式出现在城市中，是城市商业发展的写照。广告通过电视、报纸、霓虹灯等媒体来发布。好的户外广告要强化视觉冲击力，抓住观众的视线。本章以多种题材的广告为例，讲解广告的设计方法和制作技巧。

课堂学习目标

- ✔ 了解广告的概念
- ✔ 了解广告的本质和功能
- ✔ 掌握广告的设计思路和过程
- ✔ 掌握广告的制作方法和技巧

8.1　制作网页广告

8.1.1　【案例分析】

易网购物网站是一个主要销售电子产品的购物网站，网站专业性强，信誉度高，致力于打造电子产品的领先网站。在网站成立三周年之际，网站特别推出优惠活动，需要制作宣传的网页广告，在互联网上进行宣传，要求画面丰富，达到宣传效果。

8.1.2　【设计理念】

在设计制作过程中，使用绿色作为画面背景，营造出安全、清爽的购物环境。通过红色的火焰图案传递蓄势待发的购物热情。最后通过对广告语和促销信息的艺术加工，与整体设计相呼应，使宣传主题更加鲜明突出。（最终效果参看云盘中的"Ch08 > 效果 > 制作网页广告.cdr"，如图 8-1 所示。）

图 8-1

8.1.3　【操作步骤】

1. 制作背景效果

（1）按 Ctrl+N 组合键，新建一个页面。在属性栏的"页面度量"选项中分别设置宽度为 285mm、高度为 115mm，按 Enter 键，页面尺寸显示为设置的大小。双击"矩形"工具 ▫，绘制一个与页面大小相等的矩形，如图 8-2 所示。设置图形填充颜色的 CMYK 值为 51、0、100、0，填充图形，并去除图形的轮廓线，效果如图 8-3 所示。

扫码观看
本案例视频

图 8-2　　　　　　　　　　　　　　　　图 8-3

（2）选择"矩形"工具 ▫，绘制一个矩形，设置图形填充颜色的 CMYK 值为 70、0、100、0，填充图形，并去除图形的轮廓线，效果如图 8-4 所示。用相同的方法再绘制一个矩形，并填充颜色为白色，效果如图 8-5 所示。

图 8-4   图 8-5

（3）选择"选择"工具 ，选取白色矩形，按 Ctrl+Q 组合键，将图形转换为曲线。选择"形状"工具 ，水平向右拖曳左上角的节点到适当的位置，效果如图 8-6 所示。用相同的方法调节其他节点，效果如图 8-7 所示。

图 8-6   图 8-7

（4）选择"透明度"工具 ，在属性栏中将"透明度类型"选项设为"标准"，其他选项的设置如图 8-8 所示。按 Enter 键，为图形添加透明度效果，效果如图 8-9 所示。

图 8-8   图 8-9

（5）选择"贝塞尔"工具 ，在适当的位置绘制一条曲线，在"CMYK 调色板"中的"黄"上单击鼠标右键，填充图形的轮廓线，效果如图 8-10 所示。

（6）选择"阴影"工具 ，在图形中从上向下拖曳光标，为图形添加阴影效果，在属性栏中进行设置，如图 8-11 所示，按 Enter 键，效果如图 8-12 所示。用相同的方法制作其他曲线效果，效果如图 8-13 所示。

图 8-10   图 8-11

图8-12　　　　　　　　　　　　　　　图8-13

（7）选择"椭圆形"工具 ⊙ ，按住 Ctrl 键的同时，在适当的位置绘制一个圆形，如图8-14所示。按数字键盘上的+键，复制图形，按住 Shift 键的同时，向内部拖曳右上角的控制手柄到适当的位置，调整图形大小，效果如图8-15所示。

（8）选择"多边形"工具 ⊙ ，在属性栏中进行设置，如图8-16所示，在适当的位置绘制一个三角形，如图8-17所示。单击属性栏中的"垂直镜像"按钮 ，将图形垂直翻转，效果如图8-18所示。

图8-14　　　　　　图8-15　　　　　　图8-16　　　　　　图8-17　　　　　　图8-18

（9）选择"选择"工具 ，按住 Shift 键的同时，选取需要的图形，如图8-19所示。单击属性栏中的"合并"按钮 ，将多个图形合并成一个图形，设置图形填充颜色的 CMYK 值为80、0、100、0，填充图形，并去除图形的轮廓线，效果如图8-20所示。

（10）选择"阴影"工具 ，在图形中从上向下拖曳光标，为图形添加阴影效果，在属性栏中进行设置，如图8-21所示，按 Enter 键，效果如图8-22所示。

图8-19　　　　　　图8-20　　　　　　图8-21　　　　　　图8-22

（11）选择"选择"工具 ，选取需要的图形，如图8-23所示。填充图形为白色，并去除图形的轮廓线，效果如图8-24所示。

（12）选择"阴影"工具 ，在图形中从上向下拖曳光标，为图形添加阴影效果，在属性栏中进行设置，如图8-25所示，按 Enter 键，效果如图8-26所示。

（13）选择"椭圆形"工具 ⊙ ，按住 Ctrl 键的同时，在适当的位置绘制一个圆形，填充为白色，并去除图形的轮廓线，效果如图8-27所示。

（14）选择"选择"工具 ，按数字键盘上的+键，复制图形，按住 Shift 键的同时，向外部拖曳右上角的控制手柄到适当的位置，调整图形大小，效果如图8-28所示。

图 8-23　　　　图 8-24　　　　　　图 8-25　　　　　　　　图 8-26

图 8-27　　　　　　　　图 8-28

（15）选择"透明度"工具 ，在属性栏中将"透明度类型"选项设为"标准"，其他选项的设置如图 8-29 所示。按 Enter 键，为图形添加透明度效果，效果如图 8-30 所示。用相同的方法绘制其他图形，效果如图 8-31 所示。

图 8-29　　　　　　　　图 8-30　　　　　　　　图 8-31

2．添加并编辑广告文字

（1）选择"矩形"工具 ，绘制一个矩形。在属性栏中进行设置，如图 8-32 所示。设置图形填充颜色的 CMYK 值为 80、0、100、0，填充图形，并去除图形的轮廓线，效果如图 8-33 所示。

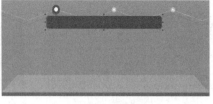

图 8-32　　　　　　　　　　图 8-33

（2）选择"阴影"工具 ，在图形中从上向下拖曳光标，为图形添加阴影效果，在属性栏中进行设置，如图 8-34 所示，按 Enter 键，效果如图 8-35 所示。

（3）选择"文本"工具 ，在页面中输入文字，在属性栏中选择合适的字体并设置文字大小，填充文字为白色，效果如图 8-36 所示。选择"形状"工具 ，水平向左拖曳文字下方的 ，调整文字的字距，效果如图 8-37 所示。

图 8-34

图 8-35

最高立返500元现金

图 8-36

最高立返500元现金

图 8-37

（4）选择"文本"工具 字，在页面中输入文字，在属性栏中选择合适的字体并设置文字大小，填充文字为白色，效果如图 8-38 所示。选择"形状"工具 ，水平向左拖曳文字下方的 ，调整文字的字距，效果如图 8-39 所示。

今日我老 最高立返500元现金

图 8-38

今日我老大 最

图 8-39

（5）选择"贝塞尔"工具 ，在适当的位置绘制一个不规则图形，设置图形填充颜色的 CMYK 值为 0、100、100、0，填充图形，并去除图形的轮廓线，效果如图 8-40 所示。

图 8-40

（6）选择"阴影"工具 ，在图形中从上向下拖曳光标，为图形添加阴影效果，在属性栏中进行设置，如图 8-41 所示，按 Enter 键，效果如图 8-42 所示。

图 8-41

图 8-42

（7）选择"文本"工具 字，在页面中输入文字，在属性栏中选择合适的字体并设置文字大小，如图 8-43 所示。按 F11 键，弹出"渐变填充"对话框，选择"双色"单选项，将"从"选项颜色的 CMYK 值设为 0、20、100、0，"到"选项颜色的 CMYK 值设为 0、0、100、0，其他选项的设置如图 8-44 所示，单击"确定"按钮，填充文字，效果如图 8-45 所示。

（8）选择"选择"工具 ，再次单击文字，使文字处于旋转状态，如图 8-46 所示。水平向右拖曳上方中间的控制手柄到适当的位置，将文字倾斜，效果如图 8-47 所示。

图 8-43 图 8-44 图 8-45

（9）选择"阴影"工具 ，在图形中从上向下拖曳光标，为文字添加阴影效果，在属性栏中进行设置，如图 8-48 所示，按 Enter 键，效果如图 8-49 所示。

图 8-46 图 8-47 图 8-48 图 8-49

（10）选择"文本"工具 字 ，在页面中输入文字，在属性栏中选择合适的字体并设置文字大小，如图 8-50 所示。按 F11 键，弹出"渐变填充"对话框，选择"双色"单选项，将"从"选项颜色的 CMYK 值设为 0、20、100、0，"到"选项颜色的 CMYK 值设为 0、0、100、0，其他选项的设置如图 8-51 所示，单击"确定"按钮，填充文字，效果如图 8-52 所示。

图 8-50 图 8-51 图 8-52

（11）选择"形状"工具 ，选取需要的文字，向左拖曳文字下方的 ，调整文字的字距，效果如图 8-53 所示。

（12）选择"选择"工具 ，再次单击文字，使文字处于旋转状态，如图 8-54 所示。水平向右拖曳上方中间的控制手柄到适当的位置，将文字倾斜，效果如图 8-55 所示。

图 8-53   图 8-54   图 8-55

（13）选择"阴影"工具 ，在图形中从上向下拖曳光标，为文字添加阴影效果，在属性栏中进行设置，如图 8-56 所示，按 Enter 键，效果如图 8-57 所示。

图 8-56   图 8-57

（14）选择"文本"工具 ，在页面中输入文字，在属性栏中选择合适的字体并设置文字大小，如图 8-58 所示。按 F11 键，弹出"渐变填充"对话框，选择"双色"单选项，将"从"选项颜色的 CMYK 值设为 0、20、100、0，"到"选项颜色的 CMYK 值设为 0、0、100、0，其他选项的设置如图 8-59 所示，单击"确定"按钮，填充文字，效果如图 8-60 所示。

图 8-58   图 8-59   图 8-60

（15）选择"形状"工具 ，选取需要的文字，向左拖曳文字下方的 ，调整文字的字距，效果如图 8-61 所示。

（16）选择"选择"工具 ，再次单击文字，使文字处于旋转状态，如图 8-62 所示。水平向右拖曳上方中间的控制手柄到适当的位置，将文字倾斜，效果如图 8-63 所示。

（17）选择"选择"工具 ，选取文字，按 Ctrl+Q 组合键，将图形转换为曲线，效果如图 8-64 所示。

图 8-61   图 8-62

图 8-63　　　　　　　　　　　　图 8-64

（18）选择"橡皮擦"工具 ，擦除不需要的图形，效果如图 8-65 所示。选择"基本形状"工具 ，单击属性栏中的"完美形状"按钮 ，在弹出的下拉列表中选择需要的形状，如图 8-66 所示。在适当的位置拖曳鼠标绘制图形，按 F11 键，弹出"渐变填充"对话框，选择"双色"单选项，将"从"选项颜色的 CMYK 值设为 0、20、100、0，"到"选项颜色的 CMYK 值设为 0、0、100、0，其他选项的设置如图 8-67 所示，单击"确定"按钮，填充图形，并去除图形的轮廓线，效果如图 8-68所示。

图 8-65　　　　　　　　　　　　图 8-66

图 8-67　　　　　　　　　　　　图 8-68

（19）单击属性栏中的"水平镜像"按钮 ，将图形水平翻转，效果如图 8-69 所示。选择"选择"工具 ，用圈选的方法，选取需要的图形，如图 8-70 所示，按 Ctrl+G 组合键，将其群组。

图 8-69　　　　　　　　　　　　图 8-70

（20）选择"阴影"工具 ，在图形中从上向下拖曳光标，为图形添加阴影效果，在属性栏中进行设置，如图 8-71 所示，按 Enter 键，效果如图 8-72 所示。

图 8-71　　　　　　　　　　　　　　图 8-72

（21）选择"文本"工具字，在页面中输入文字，在属性栏中选择合适的字体并设置文字大小，填充文字为白色，效果如图 8-73 所示。选择"选择"工具，再次单击文字，使其处于旋转状态，如图 8-74 所示。水平向右拖曳上方中间的控制手柄到适当的位置，将文字倾斜，效果如图 8-75 所示。

图 8-73　　　　　　　　　　　　　图 8-74

图 8-75

3．添加装饰图片

（1）按 Ctrl+I 组合键，弹出"导入"对话框，选择云盘中的"Ch08 > 素材 > 制作网页广告 > 01、02、03"文件，单击"导入"按钮，单击"导入"按钮，在页面中分别单击导入图片，分别将其拖曳到适当的位置，效果如图 8-76 所示。

（2）选择"3 点椭圆形"工具，绘制一个椭圆形，填充为黑色，并去除图形的轮廓线，效果如图 8-77 所示。用相同的方法绘制其他图形，并填充相同的颜色，效果如图 8-78 所示。

扫码观看
本案例视频

图 8-76　　　　　　　图 8-77　　　　　　　图 8-78

（3）选择"选择"工具，用圈选的方法，选取需要的图形，如图 8-79 所示。按 Ctrl+G 组合键，将其群组。选择"位图 > 转换为位图"命令，在弹出的对话框中进行设置，如图 8-80 所示，单击"确定"按钮，效果如图 8-81 所示。

图 8-79   图 8-80   图 8-81

（4）选择"位图 > 模糊 > 高斯式模糊"命令，在弹出的对话框中进行设置，如图 8-82 所示，单击"确定"按钮，效果如图 8-83 所示。

图 8-82   图 8-83

（5）选择"选择"工具 ，连续按 Ctrl+PageDown 组合键，将图形向下移动到适当的位置，效果如图 8-84 所示。

（6）选择"椭圆形"工具 ，按住 Ctrl 键的同时，绘制一个圆形，在"CMYK 调色板"中的"黄"色块上单击鼠标左键，填充图形，并去除图形的轮廓线，效果如图 8-85 所示。

图 8-84   图 8-85

（7）选择"透明度"工具 ，在属性栏中将"透明度类型"选项设为"标准"，其他选项的设置如图 8-86 所示。按 Enter 键，效果如图 8-87 所示。

（8）选择"文本"工具 ，在页面中输入文字，在属性栏中选择合适的字体并设置文字大小，设置文字颜色的 CMYK 值为 80、0、100、0，填充文字，效果如图 8-88 所示。

（9）选择"形状"工具 ，选取需要的文字，向左拖曳文字下方的 ，调整文字的字距，效果如图 8-89 所示。

（10）选择"选择"工具 ，再次单击文字，使文字处于旋转状态，如图 8-90 所示。水平向右拖曳上方中间的控制手柄到适当的位置，将文字倾斜，效果如图 8-91 所示。

（11）选择"文本"工具 ，在页面中输入文字，在属性栏中选择合适的字体并设置文字大小，设置文字颜色的 CMYK 值为 80、0、100、0，填充文字，效果如图 8-92 所示。

图 8-86   图 8-87   图 8-88   图 8-89

图 8-90   图 8-91   图 8-92

（12）选择"选择"工具 ，再次单击文字，使文字处于旋转状态，如图 8-93 所示。水平向右拖曳上方中间的控制手柄到适当的位置，将文字倾斜，效果如图 8-94 所示。

图 8-93   图 8-94

（13）选择"文本"工具 字 ，在页面中输入文字，在属性栏中选择合适的字体并设置文字大小，设置文字颜色的 CMYK 值为 80、0、100、0，填充文字，效果如图 8-95 所示。

（14）选择"选择"工具 ，再次单击文字，使文字处于旋转状态，如图 8-96 所示。水平向右拖曳上方中间的控制手柄到适当的位置，将文字倾斜，效果如图 8-97 所示。

图 8-95   图 8-96   图 8-97

4．绘制标志

（1）选择"多边形"工具 ，在属性栏中进行设置，如图 8-98 所示，绘制一个多边形，设置图形填充颜色的 CMYK 值为 90、62、0、0，填充图形，并去除图形的轮廓线，效果如图 8-99 所示。

（2）选择"形状"工具 ，选取多边形底边中间节点，向内部拖曳节点到适当的位置，调整图形，效果如图 8-100 所示。

扫码观看
本案例视频

图 8-98

图 8-99

（3）选择"贝塞尔"工具，绘制一个图形，设置图形填充颜色的 CMYK 值为 68、0、10、0，填充图形，并去除图形的轮廓线，效果如图 8-101 所示。选择"对象 > 图框精确剪裁 > 置于图文框内部"命令，鼠标光标变为黑色箭头，在蓝色多边形上单击，将图片置入多边形框中，效果如图 8-102 所示。

图 8-100

图 8-101

图 8-102

（4）选择"文本"工具，在适当的位置输入需要的文字，在属性栏中选择合适的字体并设置文字大小，在"CMYK 调色板"中的"黄"色块上单击鼠标左键，填充文字，效果如图 8-103 所示。

（5）选择"阴影"工具，在图形中从上向下拖曳光标，为文字添加阴影效果，在属性栏中进行设置，如图 8-104 所示，按 Enter 键，效果如图 8-105 所示。

图 8-103

图 8-104

图 8-105

（6）选择"文本"工具，在适当的位置输入需要的文字，在属性栏中选择合适的字体并设置文字大小，填充文字为白色，效果如图 8-106 所示。选择"形状"工具，选取需要的文字，向左拖曳文字下方的，调整文字的字距，效果如图 8-107 所示。

图 8-106

图 8-107

（7）选择"阴影"工具 ，在图形中从上向下拖曳光标，为文字添加阴影效果，在属性栏中进行设置，如图8-108所示，按Enter键，效果如图8-109所示。

图8-108   图8-109

（8）选择"文本"工具 字，在页面中输入文字，在属性栏中选择合适的字体并设置文字大小，填充文字为白色，效果如图8-110所示。选择"形状"工具 ，选取需要的文字，向左拖曳文字下方的 ，调整文字的字距，效果如图8-111所示。

图8-110   图8-111

（9）选择"阴影"工具 ，在图形中从上向下拖曳光标，为文字添加阴影效果，在属性栏中进行设置，如图8-112所示，按Enter键，效果如图8-113所示。网页广告制作完成。

图8-112   图8-113

8.1.4 【相关工具】

CorelDRAW X6提供了多种滤镜，可以对位图进行各种效果的处理。灵活使用位图的滤镜，可以为设计的作品增色不少。下面具体介绍滤镜的使用方法。

1. 三维效果

选取导入的位图，选择"位图 > 三维效果"子菜单下的命令，如图8-114所示。CorelDRAW提供了7种不同的三维效果，下面介绍几种常用的三维效果。

◎ 三维旋转

选择"位图 > 三维效果 > 三维旋转"命令，弹出"三维旋转"对话框。单击对话框中的 按钮，显示对照预览窗口，如图8-115所示。左窗口显示的是位图原始效果，右窗口显示的是完成各项设置后的位图效果。

图8-114

对话框中各设置项的含义如下。

 ：用鼠标拖动立方体图标，可以设定图像的旋转角度。

垂直：可以设置绕垂直轴旋转的角度。

水平：可以设置绕水平轴旋转的角度。

最适合：经过三维旋转后的位图尺寸将接近原来的位图尺寸。

预览：预览设置后的三维旋转效果。

重置：对所有参数重新设置。

：可以在改变设置时自动更新预览效果。

◎ 柱面

选择"位图 > 三维效果 > 柱面"命令，弹出"柱面"对话框。单击对话框中的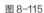按钮，显示对照预览窗口，如图 8-116 所示。

对话框中各设置项的含义如下。

柱面模式：可以选择"水平"或"垂直的"模式。

百分比：可以设置水平或垂直模式的百分比。

图 8-115   图 8-116

◎ 卷页

选择"位图 > 三维效果 > 卷页"命令，弹出"卷页"对话框。单击对话框中的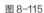按钮，显示对照预览窗口，如图 8-117 所示。

对话框中各设置项的含义如下。

：4 个卷页类型按钮，可以设置位图卷起页角的位置。

定向：选择"垂直的"或"水平"单选项，可以设置卷页效果从哪一边缘卷起。

纸张："透明的"和"不透明"两个单选项可以设置卷页部分是否透明。

卷曲：可以设置卷页颜色。

背景：可以设置卷页后面的背景颜色。

宽度：可以设置卷页的宽度。

高度：可以设置卷页的高度。

◎ 球面

选择"位图 > 三维效果 > 球面"命令，弹出"球面"对话框。单击对话框中的 ⊡ 按钮，显示对照预览窗口，如图 8-118 所示。

对话框中各设置项的含义如下。

优化：可以选择"速度"和"质量"选项。

百分比：可以控制位图球面化的程度。

⊕：用来在预览窗口中设定变形的中心点。

图 8-117　　　　　　　　　　　　　图 8-118

2. 艺术笔触

选中位图，选择"位图 > 艺术笔触"子菜单下的命令，如图 8-119 所示。CorelDRAW X6 提供了 14 种不同的艺术笔触效果，下面介绍常用的几种艺术笔触。

◎ 炭笔画

选择"位图 > 艺术笔触 > 炭笔画"命令，弹出"炭笔画"对话框。单击对话框中的 ⊡ 按钮，显示对照预览窗口，如图 8-120 所示。

对话框中各设置项的含义如下。

大小：可以设置位图炭笔画的像素数。

边缘：可以设置位图炭笔画的黑白度。

◎ 印象派

图 8-119

选择"位图 > 艺术笔触 > 印象派"命令，弹出"印象派"对话框。单击对话框中的 ⊡ 按钮，显示对照预览窗口，如图 8-121 所示。

对话框中各设置项的含义如下。

样式：选择"笔触"或"色块"选项，会得到不同的印象派位图效果。

笔触：可以设置印象派效果笔触大小及其强度。

着色：可以调整印象派效果的颜色，数值越大，颜色越重。

亮度：可以对印象派效果的亮度进行调节。

图 8-120　　　　　　　　　　　　　　　　图 8-121

◎ 调色刀

选择"位图 > 艺术笔触 > 调色刀"命令，弹出"调色刀"对话框。单击对话框中的 ▣ 按钮，显示对照预览窗口，如图 8-122 所示。

对话框中各设置项的含义如下。

刀片尺寸：可以设置笔触的锋利程度，数值越小，笔触越锋利，位图的油画刻画效果越明显。

柔软边缘：可以设置笔触的坚硬程度，数值越大，位图的油画刻画效果越平滑。

角度：可以设置笔触的角度。

◎ 素描

选择"位图 > 艺术笔触 > 素描"命令，弹出"素描"对话框。单击对话框中的 ▣ 按钮，显示对照预览窗口，如图 8-123 所示。

对话框中各选项的含义如下。

铅笔类型：可以分别选择"碳色"或"颜色"铅笔类型，不同的类型可以产生不同的位图素描效果。

样式：可以设置碳色或颜色素描效果的平滑度。

笔芯：可以设置素描效果的精细和粗糙程度。

轮廓：可以设置素描效果的轮廓线宽度。

图 8-122　　　　　　　　　　　　　　　　图 8-123

3. 模糊

选中位图，选择"位图 > 模糊"子菜单下的命令，如图 8-124 所示，CorelDRAW X6 提供了 9 种不同的模糊效果。下面介绍其中两种常用的模糊效果。

◎ 高斯式模糊

选择"位图 > 模糊 > 高斯式模糊"命令，弹出"高斯式模糊"对话框，单击对话框中的▣按钮，显示对照预览窗口，如图 8-125 所示。

对话框中设置项的含义如下。

半径：可以设置高斯模糊的程度。

◎ 缩放

图 8-124

选择"位图 > 模糊 > 缩放"命令，弹出"缩放"对话框，单击对话框中的▣按钮，显示对照预览窗口，如图 8-126 所示。

对话框中各设置项的含义如下。

▣：在左边的原始图像窗口中单击鼠标左键，可以确定移动模糊的中心位置。

数量：可以设置图像的模糊程度。

图 8-125 图 8-126

4. 颜色变换

选中位图，选择"位图 > 颜色变换"子菜单下的命令，如图 8-127 所示。CorelDRAW X6 提供了 4 种不同的颜色变换效果，下面介绍其中两种常用的颜色变换效果。

◎ 半色调

选择"位图 > 颜色变换 > 半色调"命令，弹出"半色调"对话框。单击对话框中的▣按钮，显示对照预览窗口，如图 8-128 所示。

在"半色调"对话框中，"青""品红""黄""黑"设置项可以设定颜色通道的网角值。"最大点半径"设置项可以设定网点的大小。

◎ 曝光

选择"位图 > 颜色变换 > 曝光"命令，弹出"曝光"对话框。单击对话框中的▣按钮，显示对照预览窗口，如图 8-129 所示。

在"曝光"对话框中，"层次"设置项可以设置曝光的强度，数值大，曝光过度；反之，则曝光不足。

图 8-127　　　　　　　　图 8-128　　　　　　　　　　　　图 8-129

5. 轮廓图

选中位图，选择"位图 > 轮廓图"子菜单下的命令，如图 8-130 所示，CorelDRAW X6 提供了 3 种不同的轮廓图效果。下面介绍其中两种常用的轮廓图效果。

◎ 边缘检测

选择"位图 > 轮廓图 > 边缘检测"命令，弹出"边缘检测"对话框，单击对话框中的 回 按钮，显示对照预览窗口，如图 8-131 所示。

图 8-130

对话框中各设置项的含义如下。

背景色：用来设置图像的背景颜色为白色、黑色或其他颜色。

✎：可以在位图中吸取背景色。

灵敏度：用来设定探测边缘的灵敏度。

◎ 查找边缘

选择"位图 > 轮廓图 > 查找边缘"命令，弹出"查找边缘"对话框，单击对话框中的 回 按钮，显示对照预览窗口，如图 8-132 所示。

对话框中各设置项的含义如下。

边缘类型：有"软"和"纯色"两种类型，选择不同的类型，会得到不同的效果。

层次：可以设置效果的纯度。

图 8-131　　　　　　　　　　　　　　　图 8-132

6. 创造性

选中位图，选择"位图 > 创造性"子菜单下的命令，如图 8-133 所示。CorelDRAW X6 提供了 14 种不同的创造性效果，下面介绍几种常用的创造性效果。

◎ 框架

选择"位图 > 创造性 > 框架"命令，弹出"框架"对话框。单击对话框中的 ▣ 按钮，显示对照预览窗口，如图 8-134 所示。

在"框架"对话框中，"选择"选项卡用来选择框架，并为选取的列表添加新框架。"修改"选项卡用来对框架进行修改。"颜色"和"不透明"设置项分别用来设置框架的颜色和透明度。"模糊/羽化"设置项用来设置框架边缘的模糊及羽化程度。"调和"选项用来选择框架与图像之间的混合方式。"水平"和"垂直"设置项用来设置框架的大小比例。"旋转"选项用来设置框架的旋转角度。"翻转"按钮用来将框架垂直或水平翻转。"对齐"按钮用来在图像窗口中设置框架效果的中心点。"回到中心位置"按钮用来在图像窗口中重新设置中心点。

◎ 马赛克

选择"位图 > 创造性 > 马赛克"命令，弹出"马赛克"对话框。单击对话框中的 ▣ 按钮，显示对照预览窗口，如图 8-135 所示。

图 8-133　　　　　　　　　图 8-134　　　　　　　　　图 8-135

在"马赛克"对话框中，"大小"设置项可以设置马赛克显示的大小。"背景色"设置项可以设置马赛克的背景颜色。"虚光"复选框为马赛克图像添加模糊的羽化框架。

◎ 彩色玻璃

选择"位图 > 创造性 > 彩色玻璃"命令，弹出"彩色玻璃"对话框。单击对话框中的 ▣ 按钮，显示对照预览窗口，如图 8-136 所示。

在"彩色玻璃"对话框中，"大小"设置项用来设置彩色玻璃块的大小。"光源强度"设置项用来设置彩色玻璃的光源强度，强度越小，显示越暗；强度越大，显示越亮。"焊接宽度"设置项用来设置玻璃块焊接处的宽度。"焊接颜色"设置项用来设置玻璃块焊接处的颜色。"三维照明"复选框显示彩色玻璃图像的三维照明效果。

◎ 虚光

选择"位图 > 创造性 > 虚光"命令，弹出"虚光"对话框。单击对话框中的 ▣ 按钮，显示对照预览窗口，如图 8-137 所示。

图 8-136　　　　　　　　　　　　　图 8-137

在"虚光"对话框中，"颜色"设置区用来设置光照的颜色。"形状"设置区用来设置光照的形状。"偏移"设置项用来设置框架的大小。"褪色"设置项用来设置图像与虚光框架的混合程度。

7. 扭曲

选中位图，选择"位图 > 扭曲"子菜单下的命令，如图 8-138 所示。CorelDRAW X6 提供了 10 种不同的扭曲效果，下面介绍几种常用的扭曲效果。

◎ 块状

选择"位图 > 扭曲 > 块状"命令，弹出"块状"对话框。单击对话框中的 按钮，显示对照预览窗口，如图 8-139 所示。

在"块状"对话框中，"未定义区域"设置区可以用来设置背景部分的颜色。"块宽度"和"块高度"设置项用来设定块状图像的尺寸大小。"最大偏移"设置项用来设定块状图像的打散程度。

◎ 置换

选择"位图 > 扭曲 > 置换"命令，弹出"置换"对话框。单击对话框中的 按钮，显示对照预览窗口，如图 8-140 所示。

在"置换"对话框中，"缩放模式"设置区可以选择"平铺"或"伸展适合"两种模式。单击 按钮可以选择置换的图形。

图 8-138　　　　　　　　　图 8-139　　　　　　　　　　　图 8-140

◎ 像素

选择"位图 > 扭曲 > 像素"命令，弹出"像素"对话框。单击对话框中的回按钮，显示对照预览窗口，如图 8-141 所示。

在"像素"对话框中，"像素化模式"设置区用来选择像素化模式。当选择"射线"模式时，可以在预览窗口中设置像素化的中心点。"宽度"和"高度"选项用来设置像素色块的大小。"不透明"选项用来设置像素色块的不透明度，数值越小，色块就越透明。

◎ 龟纹

选择"位图 > 扭曲 > 龟纹"命令，弹出"龟纹"对话框。单击对话框中的回按钮，显示对照预览窗口，如图 8-142 所示。

图 8-141

图 8-142

在"龟纹"对话框中，默认的波纹是同图像的顶端和底端平行的。在"周期"和"振幅"设置项中，拖曳滑块，可以设置波纹的周期和振幅，在右边的预览窗口可以看到波纹的形状。

8. 杂点

选取位图，选择"位图 > 杂点"子菜单下的命令，如图 8-143 所示。CorelDRAW X6 提供了6 种不同的杂点效果，下面介绍几种常见的杂点滤镜效果。

◎ 添加杂点

选择"位图 > 杂点 > 添加杂点"命令，弹出"添加杂点"对话框。单击对话框中的回按钮，显示对照预览窗口，如图 8-144 所示。

在"添加杂点"对话框中，"杂点类型"选项组用来设置要添加的杂点类型，有高斯式、尖突和均匀 3 种类型。高斯式杂点类型沿着高斯曲线添加杂点；尖突杂点类型比高斯式杂点类型添加的杂点少，常用来生成较亮的杂点区域；均匀杂点类型可在图像上相对均匀地添加杂点。"层次"和"密度"设置项可以用来设置杂点对颜色、亮度的影响范围及杂点的密度。"颜色模式"选项组用来设置杂点的颜色模式，在颜色下拉列表框中可以选择杂点的颜色。

◎ 去除龟纹

选择"位图 > 杂点 > 去除龟纹"命令，弹出"去除龟纹"对话框。单击对话框中的回按钮，显示对照预览窗口，如图 8-145 所示。

在"去除龟纹"对话框中，"数量"设置项用来设置去除龟纹的数量。"优化"设置区有"速度"和"质量"两个选项。"输出"选项用来设置去除新的图像分辨率。

图 8-143　　　　　　　　图 8-144　　　　　　　　　　　图 8-145

9. 鲜明化

选中位图，选择"位图 > 鲜明化"子菜单下的命令，如图 8-146 所示。CorelDRAW X6 提供了 5 种不同的鲜明化效果，下面介绍几种常见的鲜明化滤镜效果。

◎ 高通滤波器

选择"位图 > 鲜明化 > 高通滤波器"命令，弹出"高通滤波器"对话框。单击对话框中的■按钮，显示对照预览窗口，如图 8-147 所示。

在"高通滤波器"对话框中，"百分比"设置项用来设置滤镜效果的程度。"半径"设置项用来设置应用效果的像素范围。

◎ 非鲜明化遮罩

选择"位图 > 鲜明化 > 非鲜明化遮罩"命令，弹出"非鲜明化遮罩"对话框。单击对话框中的■按钮，显示对照预览窗口，如图 8-148 所示。

在"非鲜明化遮罩"对话框中，"百分比"设置项可以设置滤镜效果的程度。"半径"设置项可以设置应用效果的像素范围。"阈值"设置项可以设置锐化效果的强弱，数值越小，效果就越明显。

图 8-146　　　　　　　　图 8-147　　　　　　　　　　图 8-148

8.1.5 【实战演练】制作茶叶广告

使用矩形工具、贝塞尔工具和图框精确剪裁命令制作背景，使用文本、矩形工具、移除前面对象和合并命令制作标志，使用文本工具和椭圆形工具添加宣传文字。（最终效果参看云盘中的"Ch08 > 效果 > 制作茶叶广告.cdr"，如图 8-149 所示。）

扫码观看
本案例视频

图 8-149

8.2 制作开业庆典广告

8.2.1 【案例分析】

本案例是为祝贺游乐园开业制作宣传海报。主要针对的客户是想要放松自己，在游乐园中享受热闹欢乐的人们。要求能展示出活泼欢乐的氛围，引导人们积极参与的欲望。

8.2.2 【设计理念】

在设计制作中，首先通过红色的背景给人蓄势待发的能量感；使用聚光灯、灿烂的烟火和立体化的文字在突出宣传主题的同时，带来视觉上的强烈冲击，展现出热情和活力感，形成喜庆、欢快的氛围；再用其他装饰图形和介绍性文字使画面更加丰富活泼，达到宣传的效果。（最终效果参看云盘中的"Ch08 > 效果 > 制作开业庆典广告.cdr"，如图 8-150 所示。）

图 8-150

8.2.3 【操作步骤】

1. 制作标题文字效果

（1）选择"文件 > 打开"命令，弹出"打开绘图"对话框。选择云盘中的"Ch08 > 素材 > 制作开业庆典广告 > 01"文件，单击"打开"按钮，效果如图 8-151 所示。

（2）选择"艺术笔"工具 ，单击属性栏中的"喷涂"按钮 ，在"类别"选项中选择"笔刷笔触"选项，在"喷射图样"选项的下拉列表中选择需要的图样，其他选项的设置如图 8-152 所示。在适当的位置拖曳鼠标绘制图形，效果如图 8-153 所示。

扫码观看
本案例视频

图 8-151 图 8-152 图 8-153

（3）选择"文本"工具 ，分别输入需要的文字。选择"选择"工具 ，在属性栏中分别选择合适的字体并设置文字大小，效果如图 8-154 所示。

（4）选择需要的文字。选择"渐变填充"工具 ，弹出"渐变填充"对话框。选择"双色"单选项，将"从"选项颜色的 CMYK 值设置为 0、0、100、0，"到"选项颜色的 CMYK 值设置为 0、80、100、0，其他选项的设置如图 8-155 所示。单击"确定"按钮，填充文字，效果如图 8-156 所示。

图 8-154 图 8-155 图 8-156

（5）选择"立体化"工具 ，在文字上由中心向下方拖曳光标，为文字添加立体化效果。在属性栏中单击"立体化颜色"按钮 ，在弹出的面板中单击"使用递减的颜色"按钮 ，将"从"选项的颜色设为黄色，"到"选项的颜色设为黑色，其他选项的设置如图 8-157 所示。按 Enter 键，效果如图 8-158 所示。用相同的方法制作下方的文字效果，如图 8-159 所示。

图 8-157　　　　　　　　　图 8-158　　　　　　　　　图 8-159

（6）选择"椭圆形"工具 ，在适当的位置拖曳光标绘制一个图形。在"CMYK 调色板"中"黑"色块上单击鼠标左键，填充图形，并去除图形的轮廓线，效果如图 8-160 所示。

（7）选择"透明度"工具 ，在椭圆形上从上向下拖曳光标，为图形添加透明效果。在属性栏中进行设置，如图 8-161 所示，按 Enter 键，效果如图 8-162 所示。按 Ctrl+PageDown 组合键，将该图形向后移动一层，效果如图 8-163 所示。

图 8-160　　　　　　　　　　　　　　图 8-161

图 8-162　　　　　　　　　　　图 8-163

2. 制作装饰图形并添加文字

（1）按 Ctrl+I 组合键，弹出"导入"对话框，选择云盘中的"Ch08 > 素材 > 制作开业庆典广告 > 02"文件，单击"导入"按钮，在页面中单击导入图片，将其拖曳到适当的位置，效果如图 8-164 所示。

（2）选择"贝塞尔"工具 ，在适当的位置绘制一个图形。设置填充色的 CMYK 值为 0、0、100、0，填充图形，并去除图形的轮廓线，效果如图 8-165 所示。

（3）选择"阴影"工具 ，在图形上从上向下拖曳光标，为图形添加阴影效果。在属性栏中将"阴影羽化"选项设为 5，按 Enter 键，效果如图 8-166 所示。按 Ctrl+PageDown 组合键，将该图形向后移动一层，效果如图 8-167 所示。

图 8-164　　　　　　图 8-165　　　　图 8-166　　　图 8-167

扫码观看
本案例视频

（4）选择"椭圆形"工具 ○，按住 Ctrl 键的同时，绘制一个圆形，填充图形为白色，并去除图形的轮廓线，效果如图 8-168 所示。按数字键盘上的+键，复制圆形。按住 Shift 键的同时，向圆形内拖曳控制手柄，制作同心圆效果。按 F12 键，弹出"轮廓笔"对话框，将"颜色"选项设为红色，其他选项的设置如图 8-169 所示。单击"确定"按钮，效果如图 8-170 所示。

图 8-168   图 8-169   图 8-170

（5）选择"贝塞尔"工具 ，绘制一个图形。在"CMYK 调色板"中"红"色块上单击鼠标左键，填充图形，并去除图形的轮廓线，效果如图 8-171 所示。选择"文本"工具 字，分别输入需要的文字。分别选取文字，在属性栏中选择合适的字体并分别设置适当的文字大小，填充文字为红色，效果如图 8-172 所示。

图 8-171   图 8-172

（6）选择"选择"工具 ，选择需要的文字。按 F12 键，弹出"轮廓笔"对话框，将"颜色"选项设为白色，其他选项的设置如图 8-173 所示。单击"确定"按钮，效果如图 8-174 所示。用相同的方法制作其他文字效果，如图 8-175 所示。

（7）用"步骤（2）~步骤（6）"所述方法制作其他图形和文字效果，如图 8-176 所示。

图 8-173   图 8-174   图 8-175   图 8-176

（8）选择"矩形"工具 ▢，在属性栏中将"圆角半径"选项设为 1.8mm，在页面中适当的位置绘制一个圆角矩形。在"CMYK 调色板"中"橘红"色块上单击鼠标左键，填充图形，并去除图形的轮廓线，效果如图 8-177 所示。按数字键盘上的+键，复制图形。在"CMYK 调色板"中"白"色块上单击鼠标左键，填充图形，效果如图 8-178 所示。

图 8-177   图 8-178

（9）选择"透明度"工具 ▨，在白色矩形上从上向下拖曳光标，为图形添加透明效果。在属性栏中进行设置，如图 8-179 所示。按 Enter 键，效果如图 8-180 所示。

图 8-179   图 8-180

（10）选择"文本"工具 字，输入需要的文字。选择"选择"工具 ▨，在属性栏中选择合适的字体并设置文字大小，填充文字为白色，效果如图 8-181 所示。用相同的方法制作其他图形和文字，效果如图 8-182 所示。选择文字"办卡三重礼"，选择"文本 > 文本属性"命令，在弹出的面板中进行设置，如图 8-183 所示，按 Enter 键，效果如图 8-184 所示。

图 8-181   图 8-182   图 8-183   图 8-184

（11）选择"贝塞尔"工具 ▨，绘制一个图形。设置图形填充色的 CMYK 值为 0、40、0、0，填充图形，并去除图形的轮廓线，效果如图 8-185 所示。按数字键盘上的+键，复制一个图形。按住 Shift 键的同时，向图形内拖曳控制手柄，等比例缩小图形，如图 8-186 所示。按 F12 键，弹出"轮廓笔"对话框，将"颜色"选项设为白色，其他选项的设置如图 8-187 所示。单击"确定"按钮，效果如图 8-188 所示。

（12）选择"文本"工具 字，输入需要的文字。选择"选择"工具 ▨，在属性栏中选择合适的字体并设置文字大小，效果如图 8-189 所示。选择需要的文字，单击属性栏中的"文本对齐"按钮 ▨，在弹出的面板中选择"居中"命令，文字效果如图 8-190 所示。

图 8-185　　　　　图 8-186　　　　　图 8-187　　　　　图 8-188

图 8-189　　　　　　　　图 8-190

（13）选择"椭圆形"工具 ，在适当的位置拖曳光标绘制一个图形，填充图形为黑色，并去除图形的轮廓线，效果如图 8-191 所示。

（14）选择"透明度"工具 ，在椭圆形上从上向下拖曳光标，为图形添加透明效果。在属性栏中进行设置，如图 8-192 所示。按 Enter 键，效果如图 8-193 所示。连续按 Ctrl+PageDown 组合键，将该图形向后移动到适当的位置，效果如图 8-194 所示。

图 8-191　　　　　图 8-192　　　　　图 8-193　　　　　图 8-194

（15）用"步骤（11）～步骤（14）"所述方法制作其他图形和文字，效果如图 8-195 所示。开业庆典广告制作完成，效果如图 8-196 所示。

图 8-195　　　　　　　　　　　图 8-196

8.2.4 【相关工具】

1. 制作立体效果

立体效果是利用三维空间的立体旋转和光源照射功能来完成的。CorelDRAW X6 中的"立体化"工具 可以制作和编辑图形的立体效果。

绘制一个需要立体化的图形，如图 8-197 所示。选择"立体化"工具 ，在图形上按住鼠标左键并向图形右上方拖曳光标，如图 8-198 所示，达到需要的立体效果后，释放鼠标左键，图形的立体化效果如图 8-199 所示。

图 8-197   图 8-198   图 8-199

"交互式立体化"属性栏如图 8-200 所示。各设置项的含义如下。

图 8-200

"立体化类型"选项 ：单击选项栏右侧的三角形按钮弹出下拉列表，可以分别选择不同的立体化效果。

"深度"设置项 ：可以设置图形立体化的深度。

"灭点属性"选项 ：可以设置灭点的属性。

"页面或对象灭点"按钮 ：可以将灭点锁定到页面上，在移动图形时灭点不能移动，且立体化的图形形状会改变。

"立体化旋转"按钮 ：单击此按钮，弹出旋转设置框，光标位于三维旋转设置区内会变为手形，拖曳光标可以在三维旋转设置区中旋转图形，页面中的立体化图形会进行相应的旋转。单击 按钮，设置区中出现"旋转值"数值框，可以精确地设置立体化图形的旋转数值。单击 按钮，恢复到设置区的默认设置。

"立体化颜色"按钮 ：单击此按钮，弹出立体化图形的"颜色"设置区。在"颜色"设置区中有 3 种颜色设置模式，分别是"使用对象填充"模式 、"使用纯色"模式 和"使用递减的颜色"模式 。

"立体化倾斜"按钮 ：单击此按钮，弹出"斜角修饰"设置区，通过拖曳面板中图例的节点来添加斜角效果，也可以在增量框中输入数值来设定斜角。勾选"只显示斜角修饰边"复选框，将只显示立体化图形的斜角修饰边。

"立体化照明"按钮：单击此按钮，弹出"照明"设置区，在设置区中可以为立体化图形添加光源。

2．表格工具

选择"表格"工具，在绘图页面中按住鼠标左键不放，从左上角向右下角拖曳鼠标到需要的位置，释放鼠标左键，表格状的图形绘制完成，如图 8-201 所示。"表格工具"属性栏如图 8-202 所示。

图 8-201   图 8-202

属性栏中各选项的功能如下。

表格行、列数设置栏：可以重新设定表格的列和行，绘制出需要的表格。

背景颜色设置栏背景：选择和设置表格的背景色。单击"编辑填充"按钮，弹出"均匀填充"对话框，可以更改背景的填充色。

边框属性设置栏边框：用于选择并设置表格边框线的粗细、颜色。单击"轮廓笔"按钮，弹出"轮廓笔"对话框，可以设置轮廓线的属性，如线条宽度、角形状、箭头类型等。

"选项"按钮：选择是否在键入数据时自动调整单元格的大小以及在单元格间添加空格。

"段落文本换行"按钮：选择段落文本环绕对象的样式并设置偏移的距离。

"到图层前面"按钮和"到图层后面"按钮：将表格移动到图层的最前面或最后面。

8.2.5 【实战演练】制作手机广告

使用导入命令导入背景图片，使用文本工具和阴影工具为文字添加阴影效果，使用表格工具创建表格。（最终效果参看云盘中的"Ch08 > 效果 > 制作手机广告.cdr"，如图 8-203 所示。）

扫码观看
本案例视频

图 8-203

8.3　综合演练——制作情人节广告

8.3.1　【案例分析】

本案例是为情人节特价销售制作宣传广告。广告的设计要体现出情人节浪漫甜蜜的氛围，使人们在轻松愉悦的环境中购买到适合自己的产品。

8.3.2　【设计理念】

在设计制作过程中，使用粉红色的背景烘托浪漫幸福的气氛，给人温暖雅致的印象；心形图案和小熊图片的添加增加了甜蜜可爱的感觉，使人倍感亲切温馨；最后通过对广告语和宣传文字的艺术加工，与整体设计相呼应，使宣传主题更加鲜明突出。

8.3.3　【知识要点】

使用文本工具添加文字，使用贝塞尔工具和渐变填充工具制作文字效果，使用贝塞尔工具、渐变填充工具、转换为位图命令和高斯式模糊命令制作装饰图形。（最终效果参看云盘中的"Ch08 > 效果 > 制作情人节广告.cdr"，如图 8-204 所示。）

图 8-204

8.4　综合演练——制作 POP 广告

8.4.1　【案例分析】

本案例是为某百货公司制作宣传广告。设计要求体现本次活动的热闹以及欢乐的氛围，能够吸引消费者的注意。

8.4.2　【设计理念】

在设计制作过程中，使用渐变的蓝绿色作为背景，在展现出清爽气质的同时，能加深人们的印象，起到衬托的作用；以经过艺术处理的文字作为广告的主体，使人们一目了然，宣传性强；下方的产品醒目突出，让人印象深刻。

8.4.3 【知识要点】

使用矩形工具和渐变填充工具制作背景渐变，使用多边形工具、变形工具和透明度工具制作花形，使用文本工具、导入命令和文本换行命令制作文本绕图效果。（最终效果参看云盘中的"Ch08 > 效果 > 制作 POP 广告.cdr"，如图 8-205 所示。）

扫码观看
本案例视频

图 8-205

09 第9章
包装设计

包装代表着一个商品的品牌形象。好的包装设计可以让商品在同类产品中脱颖而出,吸引消费者的注意力并引发其购买行为。包装设计可以起到美化商品及传达商品信息的作用,也可以极大地提高商品的价值。本章以多个类别的包装为例,讲解包装的设计方法和制作技巧。

课堂学习目标

- ✔ 了解包装的概念
- ✔ 了解包装的功能和分类
- ✔ 掌握包装的设计思路和过程
- ✔ 掌握包装的制作方法和技巧

9.1 制作橙汁包装盒

9.1.1 【案例分析】

本案例是为某饮品公司设计制作橙汁包装盒效果图。设计要求造型简洁，突出橙汁的口感及品质，整体设计具有质量感。

9.1.2 【设计理念】

在设计制作过程中，使用绿色与红色作为包装设计的主体颜色，在突出产品质量的同时，给人爽口畅快的印象；产品名称在包装上醒目鲜艳，能使消费者快速被吸引并且印象深刻；整体包装朴素，充分体现出橙汁的特色与品质。（最终效果参看云盘中的"Ch09 > 效果 > 制作橙汁包装盒.cdr"，如图 9-1 所示。）

图 9-1

9.1.3 【操作步骤】

1. 制作包装结构图

（1）按 Ctrl+N 组合键，新建一个 A4 页面。选择"矩形"工具 ⬜，在页面中绘制一个矩形，如图 9-2 所示。按 Ctrl+Q 组合键，将矩形转化为曲线。

（2）选择"形状"工具 ⬚，选取需要的节点，如图 9-3 所示，将其拖曳到适当的位置，效果如图 9-4 所示。选取右上方的节点，将其拖曳到适当的位置，效果如图 9-5 所示。

| 图 9-2 | 图 9-3 | 图 9-4 | 图 9-5 |

（3）选择"立体化"工具，在图形上由中心向右上方拖曳光标，如图 9-6 所示，释放鼠标，效果如图 9-7 所示。

图9-6   图9-7

2. 制作包装盒效果

（1）按 Ctrl+I 组合键，弹出"导入"对话框，选择云盘中的"Ch09 > 素材 > 制作橙汁包装盒 > 01"文件，单击"导入"按钮，在页面中单击导入图片，效果如图 9-8 所示。按 Ctrl+U 组合键，取消图形的群组。

（2）选择"选择"工具，选取需要的图形，如图 9-9 所示，将其拖曳到适当的位置，如图 9-10 所示。选择"效果 > 添加透视"命令，为图形添加透视点，如图 9-11 所示。

图9-8   图9-9   图9-10   图9-11

（3）选取左上角的节点，将其拖曳到适当的位置，效果如图 9-12 所示。用相同的方法将其他节点拖曳到适当的位置，效果如图 9-13 所示。

图9-12   图9-13

（4）选择"选择"工具，选取需要的图形，将其拖曳到适当的位置，如图 9-14 所示。选择"效果 > 添加透视"命令，为图形添加透视点，如图 9-15 所示。

图 9-14　　　　　　　　图 9-15

（5）选取右下角的节点，将其拖曳到适当的位置，效果如图 9-16 所示。用相同的方法将其他节点拖曳到适当的位置，效果如图 9-17 所示。

（6）选择"选择"工具，选取需要的图形，将其拖曳到适当的位置，如图 9-18 所示。用相同的方法添加透视点，并将需要的节点拖曳到适当的位置。按 Esc 键，取消选取状态，包装盒制作完成，效果如图 9-19 所示。

图 9-16　　　　　　图 9-17　　　　　　图 9-18　　　　　　图 9-19

9.1.4　【相关工具】

在设计和制作图形的过程中，经常会使用到透视效果。下面介绍如何在 CorelDRAW 中制作透视效果。

打开要制作透视效果的图形，使用"选择"工具将图形选中，效果如图 9-20 所示。选择"效果 > 添加透视"命令，在图形的周围出现控制线和控制点，如图 9-21 所示。用光标拖曳控制点，制作需要的透视效果，在拖曳控制点时出现了透视点×，如图 9-22 所示。用光标拖曳透视点×，可以改变透视效果，如图 9-23 所示。制作好透视效果后，按空格键，确定完成的效果。

要修改已经制作好的透视效果，需双击图形，再对已有的透视效果进行调整即可。选择"效果 > 清除透视点"命令，可以清除透视效果。

图 9-20　　　　　图 9-21　　　　　图 9-22　　　　　图 9-23

9.1.5　【实战演练】制作月饼包装

使用渐变填充工具制作背景渐变，使用导入命令、透明度工具和图框精确剪裁命令制作背景花纹，使用阴影工具制作圆形装饰图形的发光效果，使用字符格式化面板调整文字间距。（最终效果参看云盘中的"Ch09 ＞ 效果 ＞ 制作月饼包装.cdr"，如图 9-24 所示。）

扫码观看　　　　扫码观看　　　　扫码观看
本案例视频（1）　本案例视频（2）　本案例视频（3）

图 9-24

9.2　制作红酒包装

9.2.1　【案例分析】

本案例是为某红酒生产商设计制作新产品包装效果图。这款新产品以古典华丽的造型、纯正独特的配方为主要宣传点，在包装盒的设计上要运用简单的图案和文字展示出产品的主要功能特点。

9.2.2　【设计理念】

在设计制作过程中，使用深红色背景配以金色的图案及文字，突出此款红酒的高端品质；以优美的瓶身曲线展现出产品典雅的气质。整体包装突出了宣传重点，达到了宣传的效果，与主题相呼应。（最终效果参看云盘中的"Ch09 ＞ 效果 ＞ 制作红酒包装.cdr"，如图 9-25 所示。）

图 9-25

9.2.3 【操作步骤】

1. 制作包装平面图

（1）按 Ctrl+N 组合键，新建一个 A4 页面。单击属性栏中的"横向"按钮
▱，显示为横向页面。

（2）选择"矩形"工具 ▫，在页面中绘制一个矩形，如图 9-26 所示。选
择"椭圆形"工具 ○，绘制一个椭圆形，如图 9-27 所示。

（3）选择"选择"工具 ▸，用圈选的方法将两个图形同时选取，单击属性
栏中的"合并"按钮 ▫，将两个图形合并为一个图形，效果如图 9-28 所示。设置图形填充颜色的
CMYK 值为 30、100、100、0，填充图形，并去除图形的轮廓线，效果如图 9-29 所示。

扫码观看
本案例视频

| 图 9-26 | 图 9-27 | 图 9-28 | 图 9-29 |

（4）选择"选择"工具 ▸，单击数字键盘上的+键，复制图形。按住 Shift 键的同时，向图形
中心拖曳右上角的控制手柄，等比例缩小图形，效果如图 9-30 所示。

（5）按 F12 键，弹出"轮廓笔"对话框，在"颜色"选项中设置轮廓线颜色的 CMYK 值为 0、
20、60、20，其他选项的设置如图 9-31 所示。单击"确定"按钮，效果如图 9-32 所示。用相同
的方法制作其他图形，效果如图 9-33 所示。

| 图 9-30 | 图 9-31 | 图 9-32 | 图 9-33 |

（6）选择"贝塞尔"工具，绘制一条曲线，如图 9-34 所示。按 F12 键，弹出"轮廓笔"对话框，在"颜色"选项中设置轮廓线颜色的 CMYK 值为 0、20、60、20，其他选项的设置如图 9-35 所示。单击"确定"按钮，效果如图 9-36 所示。

图 9-34　　　　　　　　　　图 9-35　　　　　　　　　　图 9-36

（7）选择"椭圆形"工具，按住 Ctrl 键的同时，绘制一个圆形。设置图形填充颜色的 CMYK 值为 0、20、60、20，填充图形并去除图形的轮廓线，效果如图 9-37 所示。

（8）选择"贝塞尔"工具，绘制一个图形，如图 9-38 所示。选择"选择"工具，用圈选的方法选取需要的图形，如图 9-39 所示。单击属性栏中的"移除前面对象"按钮，对图形进行修剪，效果如图 9-40 所示。

（9）选择"选择"工具，多次单击数字键盘上的+键复制图形，并分别拖曳到适当的位置，效果如图 9-41 所示。

图 9-37　　　　　图 9-38　　　　　图 9-39　　　　　图 9-40　　　　　图 9-41

（10）选择"文本"工具，分别输入需要的文字。选择"选择"工具，分别在属性栏中选取适当的字体并设置文字大小，填充适当的颜色，效果如图 9-42 所示。

（11）按 Ctrl+I 组合键，弹出"导入"对话框。选择云盘中的"Ch09 > 素材 > 制作红酒包装 > 01"文件，单击"导入"按钮。在页面中单击导入的图片，将其拖曳到适当的位置，效果如图 9-43 所示。

图 9-42　　　　　　　　　　图 9-43

（12）选择"文本"工具 字，分别输入需要的文字。选择"选择"工具 ▸，分别在属性栏中选取适当的字体并设置文字大小，效果如图 9-44 所示。

（13）选择"选择"工具 ▸，选择文字"酒精度……"。选择"形状"工具 ↖，按住鼠标左键不放并向左拖曳文字下方的 ▥ 图标调整字距，释放鼠标左键后，效果如图 9-45 所示。用相同的方法调整其他文字的字距，效果如图 9-46 所示。选择"选择"工具 ▸，用圈选的方法选取需要的图形。按 Ctrl+G 组合键将图形群组。

图 9-44

图 9-45

图 9-46

2．制作包装展示图

（1）选择"贝塞尔"工具 ↖，绘制一个图形，如图 9-47 所示。选择"网状填充"工具 ▦，在属性栏中进行设置，如图 9-48 所示。按 Enter 键，效果如图 9-49 所示。

扫码观看
本案例视频

图 9-47　　　　　　图 9-48　　　　　　图 9-49

（2）选择"网状填充"工具 ▦，用圈选的方法选取需要的节点，如图 9-50 所示。选择"窗口 > 泊坞窗 > 彩色"命令，弹出"颜色"泊坞窗，设置需要的颜色，如图 9-51 所示。单击"填充"按钮，效果如图 9-52 所示。用相同的方法选取其他节点，分别填充适当的颜色，并去除图形的轮廓线，效果如图 9-53 所示。

图 9-50　　　　　图 9-51　　　　　图 9-52　　　　　图 9-53

（3）选择"贝塞尔"工具 ，绘制一个图形，设置图形填充颜色的 CMYK 值为 45、100、100、14，填充图形并去除图形的轮廓线，效果如图 9-54 所示。

（4）选择"贝塞尔"工具 绘制一个图形，填充图形为黑色，并去除图形的轮廓线，效果如图 9-55 所示。

（5）选择"矩形"工具 ，在属性栏中将"圆角半径"选项均设为 24.5mm，绘制一个圆角矩形，填充图形为黑色并去除图形的轮廓线，效果如图 9-56 所示。

（6）选择"选择"工具 ，多次单击数字键盘上的+键复制图形，并分别拖曳到适当的位置，效果如图 9-57 所示。

图 9-54　　　　图 9-55　　　　图 9-56　　　　图 9-57

（7）选择"矩形"工具 ，在属性栏中将"圆角半径"选项均设为 5mm，绘制一个圆角矩形。按 F11 键，弹出"渐变填充"对话框，单击"双色"单选钮，将"从"选项颜色的 CMYK 值设为 0、0、0、30，"到"选项颜色的 CMYK 值设为 0、0、0、100，其他选项的设置如图 9-58 所示。单击"确定"按钮，填充图形并去除图形的轮廓线，效果如图 9-59 所示。

（8）选择"选择"工具 ，多次单击数字键盘上的+键复制图形，并分别调整其位置和大小，效果如图 9-60 所示。

图 9-58　　　　　　　图 9-59　　　　　图 9-60

（9）选择"矩形"工具 ，在属性栏中将"圆角半径"选项均设为 5.5mm，在页面中绘制一个圆角矩形。

（10）选择"渐变填充"工具 ，弹出"渐变填充"对话框，单击"自定义"单选钮，在"位置"选项中分别添加并输入 0、22、40、66、80、100 几个位置点，单击右下角的"其它"按钮，分别设置几个位置点颜色的 CMYK 值为 0（0、20、60、20）、22（0、0、0、100）、40（0、0、

60、20）、66（0、0、0、0）、80（0、20、60、20）、100（0、20、60、20），其他选项的设置如图 9-61 所示。单击"确定"按钮，填充图形并去除图形的轮廓线，效果如图 9-62 所示。用相同的方法绘制其他图形，并设置适当的颜色，效果如图 9-63 所示。

图 9-61　　　　　　　　图 9-62　　　　　图 9-63

（11）选择"矩形"工具 □，绘制一个矩形。选择"渐变填充"工具 ■，弹出"渐变填充"对话框，单击"自定义"单选钮，在"位置"选项中分别添加并输入 0、22、40、66、80、100 几个位置点，单击右下角的"其它"按钮，分别设置几个位置点颜色的 CMYK 值为 0（0、20、60、20）、22（0、0、0、100）、40（0、0、60、20）、66（0、0、0、0）、80（0、20、60、20）、100（0、20、60、20），其他选项的设置如图 9-64 所示。单击"确定"按钮，填充图形并去除图形的轮廓线，效果如图 9-65 所示。用相同的方法绘制其他图形，并填充适当的颜色，效果如图 9-66 所示。

（12）选择"矩形"工具 □，绘制一个矩形，填充图形为黑色并去除图形的轮廓线，效果如图 9-67 所示。

（13）选择"文本"工具 字 输入需要的文字，选择"选择"工具 ▸，在属性栏中选取适当的字体并设置文字大小，设置文字颜色的 CMYK 值为 0、20、60、20，填充文字，效果如图 9-68 所示。

图 9-64　　　　　　　图 9-65　　　　图 9-66　　　　图 9-67　　　　图 9-68

（14）选择"选择"工具 ▸，选择需要的图形，如图 9-69 所示。按数字键盘上的+键复制图形，并调整其位置和大小，效果如图 9-70 所示。

图 9-69   图 9-70

（15）选择"选择"工具 ▫，用圈选的方法选取需要的图形，如图 9-71 所示。单击属性栏中的"创建边界"按钮 ▫，为图形创建一个边界，填充边界为黑色并去除图形的轮廓线，效果如图 9-72 所示。

图 9-71   图 9-72

（16）选择"效果 > 添加透视"命令，在图形周围出现控制线和控制点，如图 9-73 所示。选择左上角的控制点，并将其拖曳到适当的位置，效果如图 9-74 所示。用相同的方法调整其他控制点，为图形添加透视效果，如图 9-75 所示。

图 9-73   图 9-74   图 9-75

（17）选择"选择"工具 ▫，选取图形。选择"位图 > 转换为位图"命令，弹出"转换为位图"对话框，选项的设置如图 9-76 所示。单击"确定"按钮，效果如图 9-77 所示。

（18）选择"位图 > 模糊 > 高斯式模糊"命令，弹出"高斯式模糊"对话框，选项的设置如图 9-78 所示。单击"确定"按钮，效果如图 9-79 所示。

（19）选择"透明度"工具 ▫，在属性栏中将"透明度类型"选项设为"标准"，其他选项的设置如图 9-80 所示。按 Enter 键，然后多次按 Ctrl+PageDown 组合键将图形后置到适当的位置，红酒包装制作完成，效果如图 9-81 所示。

图 9-76

图 9-77

图 9-78

图 9-79

图 9-80

图 9-81

9.2.4 【相关工具】

1. 使用封套效果

打开一个要制作封套效果的图形，如图 9-82 所示。选择"封套"工具 ，单击图形，图形外围显示封套的控制线和控制点，如图 9-83 所示。按住鼠标左键并拖曳需要的控制点到适当的位置，释放鼠标左键，图形的外形发生改变，如图 9-84 所示。选择"选择"工具 并按 Esc 键，取消选取，图形的封套效果如图 9-85 所示。

图 9-82

图 9-83

图 9-84

图 9-85

"交互式封套工具"属性栏如图 9-86 所示。其中各设置项的含义如下。

图 9-86

"预设"选项 预设... ▼ ：可以选择需要的预设封套效果。

"封套的直线模式"按钮 □、"封套的单弧模式"按钮 □、"封套的双弧模式"按钮 □ 和"封套的非强制模式"按钮 ✐：可以选择不同的封套编辑模式。

"映射模式"选项 自由变形 ▼ ：包含 4 种映射模式，分别是"水平"模式、"原始的"模式、"自由变形"模式和"垂直"模式。使用不同的映射模式可以使封套中的对象符合封套的形状，制作出需要的变形效果。

2. 制作阴影效果

阴影效果是经常使用的一种特效，使用"阴影"工具可以快速给图形制作阴影效果，还可以设置阴影的透明度、角度、位置、颜色和羽化程度。下面介绍如何制作阴影效果。

打开一个图形，使用"选择"工具 ▸ 选取图形，如图 9-87 所示。再选择"阴影"工具 ▢，将鼠标光标置于图形上，按住鼠标左键并向阴影投射的方向拖曳鼠标，如图 9-88 所示。到需要的位置后释放鼠标左键，阴影效果如图 9-89 所示。

拖曳阴影控制线上的 ✐ 图标，可以调节阴影的透光程度。拖曳时越靠近 □ 图标，透光度越小，阴影越淡，效果如图 9-90 所示；拖曳时越靠近 ■ 图标，透光度越大，阴影越浓，效果如图 9-91 所示。

图 9-87　　　　　图 9-88　　　　　图 9-89　　　　　图 9-90　　　　　图 9-91

"交互式阴影"属性栏如图 9-92 所示。各选项的含义如下。

图 9-92

"预设"选项 预设... ▼ ：选择需要的预设阴影效果。单击设置栏右侧的 ＋ 或 － 按钮，可以添加或删除所选的阴影效果。

"阴影偏移"设置项 x 16.87 mm / y -3.276 mm 、"阴影角度"设置项 ◻ 0 ＋ ：可以设置阴影的偏移位置和角度。

"阴影的不透明"设置项 ⍾ 70 ＋ ：可以设置阴影的透明度。

"阴影羽化"设置项 ✐ 15 ＋ ：可以设置阴影的羽化程度。

"羽化方向"按钮 ◣ ：可以设置阴影的羽化方向。单击此按钮可弹出"羽化方向"设置区，如图

9-93 所示。

"羽化边缘"按钮■：可以设置阴影的羽化边缘模式。单击此按钮可弹出"羽化边缘"设置区，如图 9-94 所示。

图 9-93　　　　　　　　图 9-94

"阴影淡出""阴影延展"设置项 [0 ⧩ 50 ⧩]：可以设置阴影的淡出和延展。

"透明度操作"选项 [乘 ▼]：选择阴影颜色和下层对象颜色的调和方式。

"阴影颜色"选项 [■▼]：可以改变阴影的颜色。

3. 编辑轮廓效果

轮廓效果是由图形向内部或者外部放射的层次效果，它由多个同心线圈组成。下面介绍如何制作轮廓效果。

绘制一个图形，如图 9-95 所示。在图形轮廓上方的节点上单击鼠标右键，并向内拖曳光标至需要的位置，释放鼠标右键，效果如图 9-96 所示。

"交互式轮廓线工具"属性栏如图 9-97 所示。各选项的含义如下。

图 9-95　　　　　　　　图 9-96　　　　　　　　　　　图 9-97

"预设"选项 [预设... ▼]：选择系统预设的样式。

"内部轮廓"按钮■、"外部轮廓"按钮■：使对象产生向内和向外的轮廓图，效果如图 9-98（a）、（b）所示。

"到中心"按钮■：根据设置的偏移值一直向内创建轮廓图，效果如图 9-98（c）所示。

（a）内部轮廓　　　　　　（b）外部轮廓　　　　　　（c）到中心

图 9-98

"轮廓图步长"选项 📐1 ➕ 和"轮廓图偏移"选项 🔲 5.0 mm ➕：设置轮廓图的步数和偏移值，如图 9-99 和图 9-100 所示。

"轮廓色"选项 🔳▪️▾：设置终端轮廓线的颜色。

"填充色"选项 🔳▪️▾：设置轮廓线之间的填充颜色。

图 9-99   图 9-100

9.2.5 【实战演练】制作牙膏包装

使用矩形工具制作包装平面展开结构图，使用文本工具、矩形工具和移除前面对象命令制作文字效果，使用矩形工具和透明度工具制作装饰图形，使用图框精确剪裁命令制作图片效果，使用形状工具调整文字的行距。（最终效果参看云盘中的"Ch09 > 效果 > 制作牙膏包装.cdr"，如图 9-101 所示。）

图 9-101

扫码观看
本案例视频（1）

扫码观看
本案例视频（2）

扫码观看
本案例视频（3）

9.3 综合演练——制作洗发水包装

9.3.1 【案例分析】

本案例是为某公司制作洗发水包装。设计要求运用独特的手法将洗发水的特色与功效表现出来，能够获得消费者的青睐。

9.3.2 【设计理念】

在设计制作过程中，包装的背景使用浅灰色到白色的渐变，象征着洗发水清洁的功能，同时体现出清新、干净的产品特点；产品形象优雅大方，包装上的字体设计具有特色。整个包装既可爱又不失时尚感。

9.3.3 【知识要点】

使用贝塞尔工具、矩形工具、渐变工具和调和工具绘制洗发水瓶身，使用椭圆形工具、透明工具和阴影工具绘制洗发水阴影，使用文字工具和图案填充工具制作标题文字，使用文字工具和变形工具添加宣传文字。（最终效果参看云盘中的"Ch09 > 效果 >制作洗发水包装.cdr"，如图 9-102 所示。）

扫码观看
本案例视频（1）

扫码观看
本案例视频（2）

图 9-102

9.4 综合演练——制作红豆包装

9.4.1 【案例分析】

红豆，多生长在我国南方的广东、广西、云南西双版纳等地，是海红豆、孔雀豆植物种子的统称。红豆的功效非常多，如解酒解毒、润肠通便、降压降脂、调节血糖、预防结石、健美减肥等。本案例是为红豆贸易公司设计制作红豆包装盒。在包装设计上要简洁直观、醒目突出。

9.4.2 【设计理念】

在设计制作过程中，通过白到浅灰的渐变背景给人干净纯粹的印象；红色的产品名称和宣传文字在背景的衬托下醒目突出，达到宣传的效果；下面的介绍性文字用色温和自然，给人强烈的归属感，传达出自然健康的经营理念。整体设计简洁大方，宣传性强。

9.4.3 【知识要点】

使用渐变填充工具、2 点线工具和调和工具制作背景效果，使用文本工具添加装饰文字，使用轮廓笔命令制作产品名称，使用贝塞尔工具和透明度工具制作包装展示效果。（最终效果参看云盘中的"Ch09 > 效果 > 制作红豆包装.cdr"，如图 9-103 所示。）

图 9-103

扫码观看
本案例视频（1）

扫码观看
本案例视频（2）

10 第 10 章
综合设计实训

本章的综合设计实训案例，是根据真实情境来训练学生如何利用所学知识完成商业设计项目。通过多个商业设计项目案例的演练，学生可以进一步牢固掌握 CorelDRAW X6 的强大操作功能和使用技巧，并应用好所学技能制作出专业的商业设计作品。

课堂学习目标

- ✔ 图书设计
- ✔ 杂志设计
- ✔ 宣传单设计
- ✔ 广告设计
- ✔ 包装设计

10.1 图书设计——制作创意家居图书封面

10.1.1 【项目背景及要求】

1. 客户名称

爱信出版社。

2. 客户需求

要求为《温馨小居》图书设计封面，目的是为图书的出版及发售使用。本书的内容是介绍创意家居的案例，所以设计要围绕家居这一主题，通过封面将图书内容直观全面地表现出来，快速地吸引读者。

3. 设计要求

（1）图书封面的设计以传达创意家居内容为宗旨，紧贴主题。

（2）封面色彩以粉红色调为主，画面要求干净、清爽。

（3）设计要求以家居图片作为封面主要内容，明确主题。

（4）整体设计要体现创意、现代和舒适感。

（5）设计规格为 355mm（宽）×240mm（高），分辨率为 300 点每英寸（dpi）。

10.1.2 【项目创意及制作】

1. 设计素材

图片素材所在位置：云盘中的"Ch10 > 素材 > 制作创意家居图书封面 > 01~06"。

2. 设计作品

设计作品效果所在位置：云盘中的"Ch10 > 效果 > 制作创意家居图书封面.cdr"，如图 10-1 所示。

扫码观看
本案例视频（1）

扫码观看
本案例视频（2）

图 10-1

3. 步骤提示

（1）按 Ctrl+N 组合键，新建一个页面。在属性栏的"页面度量"选项中，将"宽度"选项设为 355mm，"高度"选项设为 240mm。选择"矩形"工具 □，分别绘制矩形，设置图形填充颜色的 CMYK 值为 0、100、60、0，填充图形并去除图形的轮廓线。导入图片并制作图框精确剪裁，效果如图 10-2 所示。

（2）选择"矩形"工具□和"椭圆形"工具○制作黑色灯具架，选择"贝塞尔"工具✎绘制白色高光。使用"图框精确剪裁"命令制作灯罩，效果如图 10-3 所示。

图 10-2　　　　　　　　　　图 10-3

（3）选择"文本"工具字，在页面适当的位置分别输入需要的文字。选择"选择"工具➘，在属性栏中分别选取适当的字体并设置文字大小，填充适当的颜色。插入需要的字符。使用"流程图形状"工具🕸和"椭圆形"工具○绘制标志，效果如图 10-4 所示。导入素材并调整其位置和大小，效果如图 10-5 所示。

图 10-4　　　　　　　　　　图 10-5

（4）复制并选取需要的图片，选择"透明度"工具⛶，制作透明效果。插入条形码并选择"文本"工具字，输入需要的文字，效果如图 10-6 所示。复制标志和需要的文字，调整其大小并垂直排列文字。创意家居图书封面制作完成，效果如图 10-7 所示。

图 10-6　　　　　　　　　　图 10-7

10.2　杂志设计——制作时尚杂志封面

10.2.1　【项目背景及要求】

1. 客户名称

空雨视觉文化传播有限公司。

2. 客户需求

ninana 杂志是公司新出的一款生活类杂志，主要介绍休闲时装的发布和潮流趋势的解读，专注于潮流服饰、流行搭配等信息的介绍。目前需要设计杂志的封面，要求能营造出生活舒适感和休闲感。

3. 设计要求

（1）封面设计要求运用直观的方式传达出杂志内容信息。

（2）使用休闲的生活照片作为封面的背景底图，给人舒适感。

（3）色彩要求围绕照片进行设计搭配，实现舒适自然的效果。

（4）整体的感觉要求清新且休闲，体现出杂志的特色。

（5）设计规格为 210mm（宽）×285mm（高），分辨率 300 点每英寸（dpi）。

10.2.2　【项目创意及制作】

1. 设计素材

图片素材所在位置：云盘中的"Ch10 > 素材 > 制作时尚杂志封面 > 01"。

2. 设计作品

设计作品效果所在位置：云盘中的"Ch10 > 效果 > 制作时尚杂志封面.cdr"，如图 10-8 所示。

图 10-8

扫码观看
本案例视频（1）

扫码观看
本案例视频（2）

扫码观看
本案例视频（3）

3. 步骤提示

（1）按 Ctrl+N 组合键，新建一个页面。在属性栏中的"页面度量"选项中分别设置宽度为 210mm，高度为 285mm。导入素材并调整其位置和大小，并制作图框精确剪裁，效果如图 10-9 所示。

（2）选择"文本"工具 字，分别输入需要的文字，选择"选择"工具 ，在属性栏中分别选取适当的字体并设置文字大小，填充相应的颜色，效果如图 10-10 所示。

图 10-9   图 10-10

（3）选择"基本形状"工具 ，绘制完美形状，填充相应的颜色，并倾斜图形和文字，效果如图 10-11 所示。选择"矩形"工具 ，绘制一个白色矩形，效果如图 10-12 所示。

图 10-11   图 10-12

（4）选择"编辑 > 插入条码"命令，插入条形码，效果如图 10-13 所示。选择"选择"工具 ，选取条形码，拖曳到页面中适当的位置，并调整其大小，如图 10-14 所示。时尚杂志封面制作完成。

图 10-13   图 10-14

10.3　宣传单设计——制作汉堡宣传单

10.3.1　【项目背景及要求】

1. 客户名称

亨得利全国连锁餐厅。

2．客户需求

亨得利全国连锁餐厅是一家全国连锁的速食餐厅，主要出售汉堡、炸鸡、饮料等快餐食品。本项目是为一款新推出的汉堡套餐制作宣传单，要求特点突出，能引起人们的食欲。

3．设计要求

（1）暗色的背景起到衬托作用，突出宣传主体。

（2）图片的运用要醒目突出，能引起人们的食欲。

（3）文字的设计和运用清晰明了，让人一目了然。

（4）整体设计要简洁清晰，易于人们的浏览。

（5）设计规格为 210mm（宽）×285mm（高），分辨率 300 点每英寸（dpi）。

10.3.2 【项目创意及制作】

1．设计素材

图片素材所在位置：云盘中的"Ch10 > 素材 > 制作汉堡宣传单 > 01、02"。

2．设计作品

设计作品效果所在位置：云盘中的"Ch10 > 效果 > 制作汉堡宣传单.cdr"，如图 10-15 所示。

扫码观看
本案例视频（1）

扫码观看
本案例视频（2）

图 10-15

3．步骤提示

（1）按 Ctrl+N 组合键，新建一个页面。在属性栏中的"页面度量"选项中分别设置宽度为 210mm，高度为 285mm。导入素材并调整其位置和大小，效果如图 10-16 所示。

（2）选择"效果 > 调整 > 色度/饱和度/亮度"命令，调整图片色调，效果如图 10-17 所示。

图 10-16

图 10-17

（3）选择"文本"工具 字 和"封套"工具，输入文字并改变文字的外形，效果如图 10-18 所示。选择"立体化"工具，由文字中心向下拖曳光标，为文字添加立体效果，如图 10-19 所示。

图 10-18

图 10-19

（4）选择"标题形状"工具，绘制标题形状，并填充相应的颜色，效果如图 10-20 所示。添加相应文字和星形，选择"椭圆形"工具，绘制黑色椭圆形，效果如图 10-21 所示。

图 10-20

图 10-21

（5）选择"转换为位图"命令和"高斯式模糊"命令，制作模糊效果，如图 10-22 所示。连续按 Ctrl+PageDown 组合键，将其向后移动到适当的位置，效果如图 10-23 所示。

图 10-22

图 10-23

（6）选择"星形"工具 和"椭圆形"工具，制作价格标签，添加相应文字，效果如图 10-24 所示。选择"文本"工具 字，添加宣传性文字，效果如图 10-25 所示。汉堡宣传单制作完成。

图 10-24

图 10-25

10.4 广告设计——制作摄影广告

10.4.1 【项目背景及要求】

1. 客户名称

新时尚婚纱摄影工作室。

2. 客户需求

新时尚婚纱摄影工作室是一家顺应时尚潮流、备受新人喜爱，集服务、品质、销售于一体的婚纱摄影工作室。本项目是为工作室设计制作的宣传广告，要求设计能体现出工作室的主营特色，让人一目了然。

3. 设计要求

（1）要以真实的摄影照片向观众传达真实的摄影信息。

（2）将产品图片放在画面的主要位置，吸引人们的视线。

（3）使用浅色的背景给人舒适感，拉近与人们的距离。

（4）文字的设计清晰明了，提高阅读性。

（5）设计规格为 210mm（宽）×285mm（高），分辨率 300 点每英寸（dpi）。

10.4.2 【项目创意及制作】

1. 设计素材

图片素材所在位置：云盘中的"Ch10 > 素材 > 制作摄影广告 > 01~10"。

2. 设计作品

设计作品效果所在位置：云盘中的"Ch10 > 效果 > 制作摄影广告.cdr"，如图 10-26 所示。

扫码观看
本案例视频（1）

扫码观看
本案例视频（2）

图 10-26

3. 步骤提示

（1）按 Ctrl+N 组合键，新建一个页面。在属性栏中的"页面度量"选项中分别设置宽度为 210mm，高度为 285mm。选择"矩形"工具 ▢ ，并利用"渐变填充"对话框，绘制渐变背景，效果如图 10-27 所示。再次使用"矩形"工具 ▢ ，绘制多个矩形，效果如图 10-28 所示。

图 10-27 图 10-28

（2）分别导入素材并调整其位置和大小，制作图框精确剪裁效果，如图 10-29 所示。选择"椭圆形"工具 ◯，按住 Ctrl 键的同时，绘制一个圆形，如图 10-30 所示。选择"效果 > 图框精确剪裁 > 置于图文框内部"命令，制作剪裁效果，如图 10-31 所示。

图 10-29 图 10-30 图 10-31

（3）选择"文本"工具 字、"矩形"工具 ▢ 和"星形"工具 ☆，添加文字和装饰图形，效果如图 10-32 所示。选择"矩形"工具 ▢ 和"轮廓图"工具 ▨，制作项目符号，效果如图 10-33 所示。

■ 这里有最牛的摄影化妆团队
■ 这里有最创意的原创作品
■ 这里有最牛最真实的客片
▨ 百分百原创作品

图 10-32 图 10-33

（4）选择"文本"工具 字，分别输入需要的文字，并填充相应的颜色，效果如图 10-34 所示。导入素材并调整其位置和大小，效果如图 10-35 所示。摄影广告制作完成，效果如图 10-36 所示。

图 10-34

图 10-35

图 10-36

10.5 包装设计——制作干果包装

10.5.1 【项目背景及要求】

1. 客户名称

丽京曼克顿食品有限公司。

2. 客户需求

丽京曼克顿食品有限公司是一家以干果为主要经营范围的食品公司，要求为本公司最新出产的菲林核桃制作产品包装，包装重点表现新产品的特色，要与品牌的形象相贴合，能吸引消费者注意。

3. 设计要求

（1）包装风格要求清新自然，突出品牌和卖点。

（2）运用自然的景色引发顾客的联想，给人以明快舒适之感。

（3）设计要求以浅土色为主色调，与产品相呼应。

（4）整体效果简洁直观，让人一目了然。

（5）设计规格为 285mm（宽）×210mm（高），分辨率为 300 点每英寸（dpi）。

10.5.2 【项目创意及制作】

1. 设计素材

图片素材所在位置：云盘中的"Ch10 > 素材 > 制作干果包装 > 01~05"。

2. 设计作品

设计作品效果所在位置：云盘中的"Ch10 > 效果 > 制作干果包装.cdr"，如图 10-37 所示。

3. 步骤提示

（1）按 Ctrl+N 组合键，新建一个页面。在属性栏的"页面度量"选项中分别设置宽度为 285mm、高度为 210mm，按 Enter 键，页面尺寸显示为设置的大小。选择"贝塞尔"工具 ，绘制图形。设置图形填充颜色的 CMYK 值为 0、10、20、0，填充图形，并去除图形的轮廓线，效果如图 10-38 所示。选择"文本"工具 ，分别输入需要的文字。导入素材并添加路径文字，制作标签，效果如图 10-39 所示。

图 10-37

（2）导入素材并制作图框精确剪裁，如图 10-40 所示。选择"贝塞尔"工具，绘制不规则图形并转换为位图，制作模糊效果和图框精确剪裁，效果如图 10-41 所示。

图 10-38　　　　　　　　图 10-39　　　　　　　　图 10-40　　　　　　　　图 10-41

（3）选择"矩形"工具，绘制矩形并进行网格填充。选择"贝塞尔"工具，绘制直线并填充适当的颜色，效果如图 10-42 所示。选择"贝塞尔"工具，绘制不规则图形并转换为位图，制作模糊效果，如图 10-43 所示。

（4）复制全部图像，调整图形和文字，并删除不需要的图像。添加需要的内容，插入条形码，导入图片并制作图框精确剪裁效果，如图 10-44 所示。干果包装制作完成，效果如图 10-45 所示。

图 10-42　　　　　　　　图 10-43　　　　　　　　图 10-44　　　　　　　　图 10-45